Korrektes Schließen bei unvollständiger Information

Europäische Hochschulschriften
Publications Universitaires Européennes
European University Studies

Reihe XLI
Informatik

Série XLI   Series XLI
Informatique
Informatic

Bd./Vol. 29

PETER LANG
Frankfurt am Main · Berlin · Bern · New York · Paris · Wien

Carl-Heinz Meyer

Korrektes Schließen bei unvollständiger Information

Anwendung des Prinzips der maximalen Entropie in einem probabilistischen Expertensystem

PETER LANG
Europäischer Verlag der Wissenschaften

Die Deutsche Bibliothek - CIP-Einheitsaufnahme

Meyer, Carl-Heinz:
Korrektes Schließen bei unvollständiger Information :
Anwendung des Prinzips der maximalen Entropie in einem
probabilistischen Expertensystem / Carl-Heinz Meyer. -
Frankfurt am Main ; Berlin ; Bern ; New York ; Paris ; Wien :
Lang, 1998
  (Europäische Hochschulschriften : Reihe 41, Informatik ;
  Bd. 29)
  Zugl.: Hagen, Fernuniv., Diss., 1997
  ISBN 3-631-33615-2

D 708
ISSN 0930-7311
ISBN 3-631-33615-2
© Peter Lang GmbH
Europäischer Verlag der Wissenschaften
Frankfurt am Main 1998
Alle Rechte vorbehalten.

Das Werk einschließlich aller seiner Teile ist urheberrechtlich
geschützt. Jede Verwertung außerhalb der engen Grenzen des
   Urheberrechtsgesetzes ist ohne Zustimmung des Verlages
       unzulässig und strafbar. Das gilt insbesondere für
   Vervielfältigungen, Übersetzungen, Mikroverfilmungen und die
       Einspeicherung und Verarbeitung in elektronischen Systemen.

Inhaltsverzeichnis

1 Einleitung 1
   1.1 Einführung in die Thematik 1
   1.2 Ziel und Aufbau der Arbeit 3

2 Wahrscheinlichkeit und Information 6
   2.1 Der Informationsgehalt einer Wahrscheinlichkeitsverteilung . 7
   2.2 Der informationstheoretische Abstand zweier Verteilungen . . 9
   2.3 Das Prinzip der minimalen relativen Entropie 11
   2.4 Die Axiomatik von Shore und Johnson 14
   2.5 Die allgemeine Struktur der gesuchten Verteilung 16
   2.6 Iterative Berechnung der gesuchten Verteilung 20
   2.7 Historische und bibliographische Anmerkungen 25

3 Wahrscheinlichkeit und Graphen 26
   3.1 Der Begriff der bedingten Unabhängigkeit von Zufallsvariablen 27
   3.2 Die graphische Repräsentation von bedingter Unabhängigkeit 33
       3.2.1 Erwartungen an eine graphische Repräsentation 33
       3.2.2 Ungerichtete Graphen: Markov-Netze 34
       3.2.3 Gerichtete Graphen: Bayes-Netze 43
   3.3 Historische und bibliographische Anmerkungen 49

4 Probabilistische Konditionallogik · 51
4.1 Probabilistische Regeln und Fakten · 51
4.1.1 Informelle Einführung einer probabilistischen Regel · 52
4.1.2 Syntax und Semantik von probabilistischen Regeln · 55
4.1.3 Mengen von Regeln und lineare Gleichungssysteme · 58
4.2 Erzeugung einer gemeinsamen Wahrscheinlichkeitsverteilung · 61
4.3 Probabilistische Regeln und graphische Repräsentationen · 71

5 Die Zerlegung einer gemeinsamen Verteilung · 77
5.1 Ein einführendes Beispiel · 77
5.2 Regeln, Hypergraphen und Bäume · 83
5.2.1 Regelmengen und Hypergraphen · 83
5.2.2 Prüfung eines Hypergraphen auf Zyklenfreiheit · 84
5.2.3 Erzeugung von überdeckenden Hyperbäumen · 87
5.2.4 Hyperbäume und Verbindungsbäume · 91
5.2.5 Zusammenfassung der bisherigen Ergebnisse · 93
5.3 Propagation und Iteration im Verbindungsbaum · 94
5.3.1 Ein allgemeiner Zerlegungssatz · 94
5.3.2 Propagationen im Verbindungsbaum · 97
5.3.3 Iteration im Verbindungsbaum · 100
5.4 Dynamische Änderungen in den Regeln und den Variablen · 104
5.4.1 Re-Initialisierung in einem neuen Verbindungsbaum · 105
5.4.2 Praktische Konsequenzen der Re-Initialisierung · 110
5.5 Bibliographischer Überblick über verwandte Arbeiten · 112

6 Die Shell SPIRIT und einige Anwendungen · 115
6.1 Eine Fallstudie aus dem Versicherungswesen · 115
6.1.1 Kurze Einführung in den Typklassentarif · 115
6.1.2 Modellierung des Rabattsystems in der Shell · 118
6.1.3 Einfache und komplexe Anfragen · 119
6.1.4 Einfache Anfragen bei der Lösung von Entscheidungsproblemen · 121
6.1.5 Analyse der Abhängigkeitsstruktur zwischen den Variablen · 122

	6.1.6	Zusammenfassung der Ergebnisse 124

6.2 Einige Modelle zur Untersuchung der Leistungsfähigkeit der
Shell 124

    6.2.1   Kurzbeschreibung der Test-Modelle 124

    6.2.2   Aufbau des Verbindungsbaums 126

    6.2.3   Iterationen, Transformationen und Propagationen . . 128

7 Zusammenfassung, Erweiterungen und offene Fragen   131

Anhang   134

Literaturverzeichnis   142

Abbildungsverzeichnis

2.1 Entropie von $B(1,p)$ in Abhängigkeit von p 8
2.2 Relative Entropie zwischen $B(1,p)$ und $B(1,0.6)$ 11
2.3 (p_1, p_2, p_3) für verschiedene Werte von α 19

3.1 W-Funktionen einiger (bedingter) Randverteilungen 29
3.2 Produkt zweier Potentialfunktionen 30
3.3 Markov-Eigenschaften auf ungerichteten Graphen 35
3.4 Bedingte wechselseitige Information von X_2 und X_3 gegeben X_1 40
3.5 Graphische Repräsentation von $G \perp N | \{E, K\}$ und $E \perp K | N$. 44
3.6 Von einem „Experten" geschätzte Wahrscheinlichkeiten . . . 47

4.1 Syntax von probabilistischen Fakten und Regeln in BNF . . . 55
4.2 Iteration zur Berechnung der Potentiale auf $\mathcal{X}$ und $\mathcal{R}$ 64
4.3 Regelmenge sowie zugehöriges Markov-Netz 72

5.1 Eine Regelmenge sowie der zugehörige Hypergraph 84
5.2 Von H über H_S zu verschiedenen Hyperbäumen 89
5.3 Erzeugung und Zerlegung von H_S aus einem Hypergraphen H 91
5.4 Vom Hyperbaum über den Verbindungsgraphen zum Verbindungsbaum 92
5.5 Von der Regelmenge zum Verbindungsbaum 94
5.6 Propagation der LEG λ_{EN} in die LEG λ_{NK} 98
5.7 Globale Propagation von einer Wurzel in die Blätter 99
5.8 Reihenfolge der lokalen Iterationen im Verbindungsbaum . . . 101

5.9 Funktion der LEG's als „Cache-Speicher" für Zwischenergebnisse 103
5.10 Gerichteter Verbindungsbaum zur Berechnung der Randpotentiale 106
5.11 Berechnung der Startpotentiale $\mu_0(x_V)$ im Verbindungsbaum 109

6.1 Rabattgestaltung in Abhängigkeit bestimmter Merkmalskombinationen 116
6.2 Exakte Definition der Merkmale 117
6.3 Variablen und Regeln für alle Merkmalskombinationen der Rabattstaffel 118
6.4 Beispiel für eine einfache (links) und komplexe (rechts) Anfrage. 119
6.5 Beispiel für ein einfaches einstufiges Entscheidungsproblem . 121
6.6 Kantengewichte im Markov-Netz 122
6.7 Kantenstärken für zwei ausgewählte Variablen 123
6.8 Inferenznetze der Testmodelle 125

Kapitel 1

Einleitung

1.1 Einführung in die Thematik

Jeder Entscheidungsträger steht häufig vor der Situation, im Rahmen einer konkreten Problemstellung eine Entscheidung treffen zu müssen, obwohl die entscheidungsrelevanten Informationen unsicher oder sogar unvollständig sind. Falls der Entscheidungsträger kein Experte innerhalb der Problemdomäne ist, oder falls das Problem eine bestimmte Größe überschreitet, kann es sinnvoll sein, auf ein *Expertensystem* zurückzugreifen. Ein derartiges System soll den Benutzer in die Lage versetzen, das Problem ähnlich wie ein Experte zu analysieren und so zu einer fundierten Entscheidung zu gelangen. Eine vage „Definition" eines Expertensystems findet sich in Puppe [69]:

> *„Expertensysteme sind Computerprogramme, die Fähigkeiten von Experten simulieren sollen."*

In dieser Arbeit soll die theoretische Grundlage für eine sogenannte *Expertensystem-Shell* entwickelt werden. Hierunter versteht man ein Software-Modul, das die Eingabe und Verarbeitung von Expertenwissen ermöglicht. Die wesentlichen Fähigkeiten eines Experten, die in der Shell nachgebildet werden sollen, sind:

1. Die Shell soll in der Lage sein, unsicheres Wissen in einem begrenzten Problembereich zu repräsentieren.

2. Die Shell soll für konkrete Fragestellungen innerhalb der Wissensdomäne plausible Schlußfolgerungen aus unvollständigen Informationen ziehen können.

Die Simulation dieser Fähigkeiten auf einem Computer erfordert eine Theorie, in der unsicheres Wissen repräsentiert und Inferenz (Schlußfolgern) formal betrieben werden kann. In dieser Arbeit wird hierfür die Wahrscheinlichkeitstheorie (kurz: W-Theorie) gewählt. Diese Wahl soll zunächst qualitativ begründet werden:

1. Die W-Theorie erlaubt es, Modelle aufzustellen, in denen unsicheres Wissen allgemein anerkannt repräsentiert werden kann.

2. Die W-Theorie, insbesondere der *Bayes'sche Satz* sowie das noch ausführlich zu erläuternde *Prinzip der Minimierung der relativen Entropie*, erlaubt es, Schlußfolgerungen aufgrund von unvollständiger und unsicherer Information zu ziehen.

Eine Shell, bei der die Verarbeitung von unsicherem Wissen auf Basis der W-Theorie realisiert ist, wird auch als *probabilistische* Expertensystem-Shell bezeichnet. In ihr wird das Expertenwissen durch eine mehrdimensionale diskrete Wahrscheinlichkeitsverteilung repräsentiert. Die Spezifikation einer derartigen Verteilung erfordert in der Regel eine sehr große Zahl von Parametern, deren Werte geschätzt, gespeichert und manipuliert werden müssen. Dies kann bei sehr hochdimensionalen Verteilungen zu erheblichen technischen Problemen führen. In früheren Expertensystemen (bis Ende der 70er Jahre) wurden diese Probleme durch die Unterstellung von oftmals unrealistischen und ungewollten Unabhängigkeitsannahmen umgangen,[1] was in der gängigen Literatur zu erheblicher Kritik an diesen Systemen führte. Die Kritik ging so weit, daß schließlich die Eignung der W-Theorie an sich zur Repräsentation von Unsicherheit in Frage gestellt wurde.[2] Als Konsequenz

---
[1] Eine genaue Analyse dieser Problematik findet sich in Reidmacher [71], S. 23ff.
[2] vgl. hierzu auch die „Verteidigungen" der W-Theorie in Henrion [30] und Cheeseman [13]. Ein historischer Überblick findet sich in Lauritzen & Spiegelhalter [50].

wurden zahlreiche alternative Formalismen entwickelt, von denen aus heutiger Sicht letztlich aber keiner zu einer nennenswerten Anzahl von tatsächlichen Anwendungen führte. Vielmehr erlebte die W-Theorie zu Beginn der 90er Jahre mit dem Erscheinen der sogenannten *graphischen Modelle* ein spektakuläres „Comeback" und ist heute der bei weitem anerkannteste Formalismus zur Repräsentation von Unsicherheit in Expertensystemen. Sehr deutlich kommt diese allgemeine Akzeptanz in einem Zitat von Lindley [54] zum Ausdruck:[3]

> *„The only satisfactory description of uncertainty is probability. By this is meant that every uncertainty statement must be in the form of a probability; That several uncertainties must be combined using the rules of probability, and that the calculation of probabilities is adequate to handle all situations involving uncertainty. In particular, alternative descriptions of uncertainty are unnecessary."*

Das bereits erwähnte Wiederaufleben der W-Theorie ist zu einem großen Teil einer aufsehenerregenden Arbeit von Lauritzen & Spiegelhalter [50] aus dem Jahre 1988 zu verdanken. In der Arbeit wird gezeigt, wie mit Hilfe der graphischen Modelle auch sehr umfangreiches Expertenwissen in einer probabilistischen Shell verarbeitet werden kann. Seitdem wurde eine Vielzahl von kommerziellen und akademischen Systemen entwickelt, deren Verteilungen durch graphische Modelle spezifiziert werden.[4] Im Unterschied zu den frühen Systemen der 70er Jahre, in denen das Schlußfolgern aufgrund der unterstellten Unabhängigkeiten häufig zu unplausiblen Ergebnissen führte, wird in den neueren Systemen das Schlußfolgern probabilistisch exakt über den Bayes'schen Satz durchgeführt.

1.2 Ziel und Aufbau der Arbeit

In dieser Arbeit wird eine Alternative zu den gängigen Expertensystem-Shells auf Basis der graphischen Modelle entwickelt. Diese Alternative kon-

---

[3] Entnommen aus Castillo et.al. [12].
[4] Eine sehr aktuelle Übersicht findet sich im Internet [103].

kretisiert sich in der Shell SPIRIT, mit der sowohl in bezug auf die Spezifikation einer Verteilung als auch bei Schlußfolgerungsprozessen ein prinzipiell neuer Weg verfolgt wird.[5] Die Arbeit ist wie folgt aufgebaut:

- Im anschließenden Kapitel 2 werden einige grundlegende Begriffe und Definitionen aus der Informationstheorie eingeführt. Als wesentliche Inferenzverfahren, mit denen eine unvollständig determinierte Wahrscheinlichkeitsverteilung eindeutig festgelegt werden kann, werden das *Prinzip der maximalen Entropie* und das *Prinzip der minimalen relativen Entropie* behandelt. In der Anwendung dieser Prinzipien liegt bereits ein grundlegender Unterschied zur sonst üblichen Art der Wissensverarbeitung in probabilistischen Expertensystemen. Es wird daher angestrebt, die Prinzipien so gut wie möglich zu motivieren. Weiterhin werden einige mathematische Sätze zitiert, die bei der praktischen Umsetzung der Prinzipien in den späteren Kapiteln benötigt werden.

- Kapitel 3 befaßt sich mit den *graphischen Modellen*. Diese Modelle beschreiben qualitative (Un-) Abhängigkeitsbeziehungen zwischen Zufallsvariablen durch gerichtete und ungerichtete Graphen. Es werden zunächst einige Aussagen aus der Theorie der ungerichteten Modelle zusammengestellt, da die Verteilung in der Shell SPIRIT durch einen ungerichteten Graphen interpretiert werden soll. Danach wird die Arbeitsweise der auf den gerichteten Graphen basierenden Expertensysteme erläutert. Hierdurch soll ein Vergleich mit der im nachfolgenden Kapitel dargestellten *probabilistischen Konditionallogik* ermöglicht werden.

- In Kapitel 4 werden probabilistische Fakten und Regeln formal eingeführt. Diese erlauben eine allgemeinere Form der Spezifikation einer Wahrscheinlichkeitsverteilung als die graphischen Modelle. Allerdings wird die Verteilung im allgemeinen hierdurch nicht eindeutig

---

[5]SPIRIT ist ein Akronym für „*Symmetrical Probabilistic Intensional Reasoning in Inference Networks in Transition*", siehe auch Rödder [73], Rödder & Meyer [76]. Meyer & Rödder [62], Reidmacher [71].

bestimmt. Zu einer eindeutigen Verteilung gelangt man durch die Anwendung des Prinzips der maximalen Entropie. Als wesentliches Ergebnis wird mit Hilfe der Sätze aus Kapitel 2 ein iteratives Verfahren konstruiert, mit dem die Verteilung der Shell erzeugt werden kann. Schließlich wird noch anhand einiger Beispiele gezeigt, daß die Spezifikation der Verteilung über Fakten und Regeln eine Verallgemeinerung der in Kapitel 3 erläuterten graphischen Modelle bildet.

- Kapitel 5 behandelt ein eher technisches Problem, nämlich die Zerlegung einer hochdimensionalen Wahrscheinlichkeitsverteilung in niedrigdimensionale Randverteilungen. Die Lösung dieses Problems liefert die Voraussetzung zur praktischen Implementierung der Shell. Es wird gezeigt, wie die in Kapitel 4 entwickelte Iteration auf einer zerlegten Verteilung durchgeführt werden kann. Das dort vorgestellte Iterationsverfahren läßt sich wesentlich effizienter durchführen als die bekannten vergleichbaren Verfahren aus der Literatur. Zusätzlich wird ein Algorithmus angegeben, mit dem dynamische Veränderungen in den Regeln praktisch durchgeführt werden können.

- In Kapitel 6 wird die Shell SPIRIT vorgestellt, deren Implementierung parallel zur Entstehungszeit dieser Arbeit verlief. Der Funktionsumfang und die Leistungsfähigkeit der Shell basiert in wesentlichen Teilen auf den Ausführungen der Kapitel 2 - 5. Dies wird anhand einiger konkreter Fallstudien verdeutlicht, mit denen die Shell aus technischer Sicht untersucht wird.

- Abgeschlossen wird die Arbeit mit einer Zusammenfassung sowie einer Liste von offenen Fragen und Problemen, mit denen gleichzeitig einige denkbare Richtungen für die Weiterentwicklung der Shell aufgezeigt werden sollen.

Kapitel 2

Wahrscheinlichkeit und Information

Motivation: Ein häufig auftauchendes Problem in den Anwendungen der Wahrscheinlichkeitstheorie besteht darin, daß man für eine Zufallsvariable zwar eine Familie von Verteilungen unterstellen kann, daß aber die konkreten Parameter unbekannt sind. Eine diskrete Variable sei beispielsweise binomialverteilt nach $B(n,p)$, wobei der Parameter p — wie auch immer — geschätzt werden muß. Insbesondere wenn keine Stichprobe zur Verfügung steht, sind diese Schätzungen naturgemäß sehr subjektiver Natur. Das Problem verschärft sich, wenn nicht nur eindimensionale, sondern auch mehrdimensionale Zufallsvariable betrachtet werden. In diesem Fall wächst die Anzahl der unbekannten Parameter oftmals exponentiell mit der Anzahl der Variablen an. In der Praxis kann dieses Problem durch die Annahme von Unabhängigkeiten zwischen Variablengruppen teilweise umgangen werden. Dennoch bleibt meistens eine nicht unbeträchtliche Anzahl von Parametern übrig, deren Werte unbekannt sind. Der nun folgende Abschnitt befaßt sich mit dieser Problematik. Es wird ein Prinzip aus der Informationstheorie vorgestellt, mit dem ein „bestmöglicher" Repräsentant aus einer Familie von Verteilungen ausgewählt werden kann. Hierzu wird der zunächst intuitive Begriff des Informationsgehaltes einer Verteilung formal definiert.

2.1 Der Informationsgehalt einer Wahrscheinlichkeitsverteilung

Es sei $(\Omega, \mathcal{P}(\Omega), P)$ ein *endlicher* Wahrscheinlichkeitsraum (W-Raum) über der Potenzmenge $\mathcal{P}(\Omega)$ und es sei $E \in \mathcal{P}(\Omega)$ ein beliebiges Ereignis. Dann kann man ein Zufallsexperiment über Ω ausführen und feststellen, ob das Ereignis E oder sein Komplement $\bar{E}$ eintritt. Der Informationsgehalt $I(E)$, den solch ein Experiment liefert, kann durch:

$$I(E) := -\log P(E), \textit{ für } P(E) > 0 \qquad (2.1)$$

gemessen werden.[1] Die obige Definition von I besitzt zwei wichtige Eigenschaften, die man intuitiv von einem Funktional zur Messung von Information fordert:

1. $I(E) \geq 0, \forall E$, d.h. der Informationsgehalt ist eine nichtnegative Zahl.

2. $P(E \cap F) = P(E)P(F) \Rightarrow I(E \cap F) = I(E) + I(F)$, d.h. der Informationsgehalt des Ereignisses $E \cap F$ ist im Falle der Unabhängigkeit von E und F die Summe aus den Informationen der jeweiligen Ereignisse.

Umgekehrt läßt sich zeigen, daß die Eigenschaften 1. und 2. hinreichend sind, um zu einer eindeutigen axiomatischen Charakterisierung des Informationsgehaltes zu gelangen. Der Logarithmus ist die einzige Funktion, die die obigen Eigenschaften erfüllt.[2] Fordert man zusätzlich noch: $I(E) = 1$, falls $P(E) = 1/2$, so wird dadurch auch dessen Basis auf 2 festgelegt. Die Einheit des Informationsgehaltes ist dann $[I] =$ bit.

Hat man nun mittels der Funktionsvorschrift (2.1) jedem Elementarereignis $\omega \in \Omega$ den Informationsgehalt $I(\omega)$ zugeordnet, so kann der *erwartete Informationsgehalt* der Verteilung P berechnet werden. Der Erwartungswert der Zufallsvariablen I heißt dann die *Entropie* einer Wahrscheinlichkeitsverteilung. Die genaue Definition lautet:

---
[1] siehe hierzu auch Shore [84].
[2] siehe z.B. Jaglom [31], S. 57 ff.

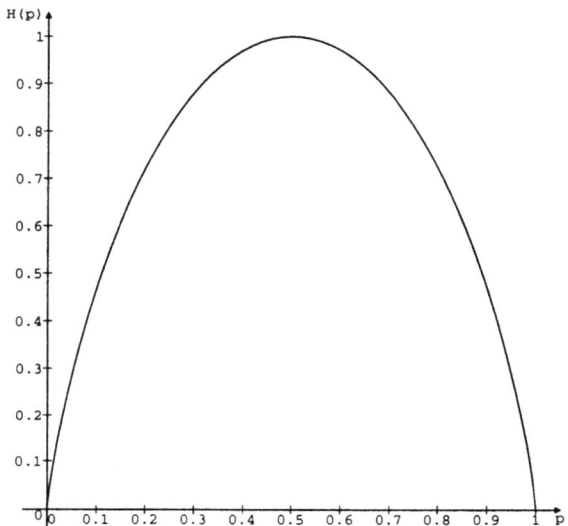

Abb. 2.1: Entropie von $B(1,p)$ in Abhängigkeit von p

Definition 2.1 *Es sei $(\Omega, \mathcal{P}(\Omega), P)$ ein endlicher W-Raum und es sei p die Wahrscheinlichkeitsfunktion (W-Funktion) der Wahrscheinlichkeitsverteilung P. Dann heißt das Funktional*

$$H(P) := -\sum_{\omega \in \Omega} p(\omega) \log p(\omega)$$

die <u>Entropie</u> von P.

Bemerkung 2.1 Die Funktion $f(x) = -x \log x$ ist an der Stelle $x = 0$ nicht definiert. Wegen $\lim_{x \to 0} f(x) = 0$ läßt sie sich aber stetig auf das Intervall $[0, 1]$ fortsetzen, wenn man $0 \log 0 := 0$ definiert. Damit ist die Entropie auch für Verteilungen definiert, deren W-Funktion einigen Elementarereignissen den Wert 0 zuweist.

$H(P)$ kann auch als Maß für die *erwartete Unsicherheit* in P interpretiert werden. Die erwartete Unsicherheit ist maximal, wenn P die Gleichverteilung über der Menge Ω ist. Die Unsicherheit ist minimal (=0), falls ein

Elementarereignis sicher eintritt. In der Informationstheorie[3] werden diese intuitiv einleuchtenden Aussagen auch formal bewiesen. Es wird dort gezeigt:

1. $0 \leq H(P) \leq \log n$, mit $n = |\Omega|$, für jede Verteilung P auf Ω.

2. $H(P)$ ist in Abhängigkeit der W-Funktion von P *konkav*.

Die Bedeutung der zweiten Eigenschaft wird sich allerdings erst in Abschnitt 2.3 zeigen. Zur Verdeutlichung ist in Abb. 2.1 die Entropie für eine bernoulliverteilte Zufallsvariable $X \sim B(1,p)$ in Abhängigkeit des Parameters p grafisch dargestellt.

2.2 Der informationstheoretische Abstand zweier Verteilungen

Es sei jetzt die Situation gegeben, daß sich eine Verteilung aufgrund äußerer Umstände verändert habe. Die Kenntnis der neuen Verteilung bedeutet natürlich einen gewissen Informationsgewinn gegenüber dem alten Informationsstand. Es stellt sich die Frage, wieviel Information durch die Kenntnis einer neuen Verteilung *im Durchschnitt* gewonnen werden kann.

Bezeichnet man die „alte" bekannte Verteilung mit P_0 und die „neue" unbekannte Verteilung mit P, so wird jedem Elementarereignis $\omega \in \Omega$ anstelle des neuen Informationsgehaltes $I(\omega)$ der alte Informationsgehalt $I_0(\omega)$ zugeordnet. Im Durchschnitt wird den Elementarereignissen also fälschlicherweise der Informationsgehalt $E(I_0) = -\sum_{\omega \in \Omega} p(\omega) \log p_0(\omega)$ zugewiesen. Die Differenz zwischen $E(I_0)$ und $E(I)$, also $E(I_0 - I)$ beschreibt dann den durchschnittlichen Informationsgewinn, den man durch die Kenntnis von P erhält. Dieser Erwartungswert wird auch als der *informationstheoretische Abstand* bzw. als die *Relative Entropie* von P bzgl. P_0 bezeichnet. Die exakte Definition lautet wie folgt:

---

[3]siehe z.B. Gray [27], S. 32ff.

Definition 2.2 *Es seien P und P_0 mit $P \ll P_0$ zwei Verteilungen auf dem Meßraum $(\Omega, \mathcal{P}(\Omega))$. Die zugehörigen W-Funktionen seien p und p_0. Dann heißt das Funktional*

$$R(P, P_0) := \sum_{\omega \in \Omega} p(\omega) \log \frac{p(\omega)}{p_0(\omega)}$$

die relative Entropie von P bzgl. P_0. ($0 \log \frac{0}{0} := 0$)

Bemerkung 2.2 Die Schreibweise $P \ll P_0$ bedeutet: $p_0(\omega) = 0 \Rightarrow p(\omega) = 0$, $\forall \omega$. Es wird damit der Fall ausgeschlossen, daß ein ursprünglich für unmöglich gehaltenes Ereignis im Zeitablauf eine positive Wahrscheinlichkeit bekommt. In einer etwas allgemeineren Definition[4] als der hier gegebenen wird für diesen Fall $R := \infty$ definiert. Dies ist im Rahmen der hier behandelten Thematik aber nicht sinnvoll.

Wie man unmittelbar erkennt, ist die relative Entropie nicht symmetrisch in ihren Argumenten.[5] Sie definiert also keine Metrik auf der Menge aller Verteilungen über Ω. Dennoch besitzt sie einige bemerkenswerte Eigenschaften, die an dieser Stelle aufzählend zusammengestellt werden sollen:

1. R ist *konvex*, und zwar sowohl in Abhängigkeit der W-Funktionen von P als auch von P_0.

2. $R(P, P_0) \geq 0$ und $R(P, P_0) = 0 \iff P = P_0$

3. $|P - P_0| := \sum_{\omega \in \Omega} |p(\omega) - p_0(\omega)| \leq \sqrt{2R(P, P_0)}$

4. Ist P_n eine Folge von Verteilungen über Ω, so gilt:

$$\lim_{n \to \infty} P_n = P^\infty \iff \lim_{n \to \infty} R(P_n, P^\infty) = 0$$

Die zugehörigen Beweise finden sich in der Standardliteratur über Informationstheorie, siehe z.B. [31],[91] oder auch [94]. Die Bedeutung der Aussagen zeigt sich in den weiteren Abschnitten. Insbesondere die Eigenschaften

---
[4] vgl. z.B. Csiszár [16].
[5] Eine weitere Bezeichnung für die relative Entropie ist daher auch gerichteter informationstheoretischer Abstand (directed divergence).

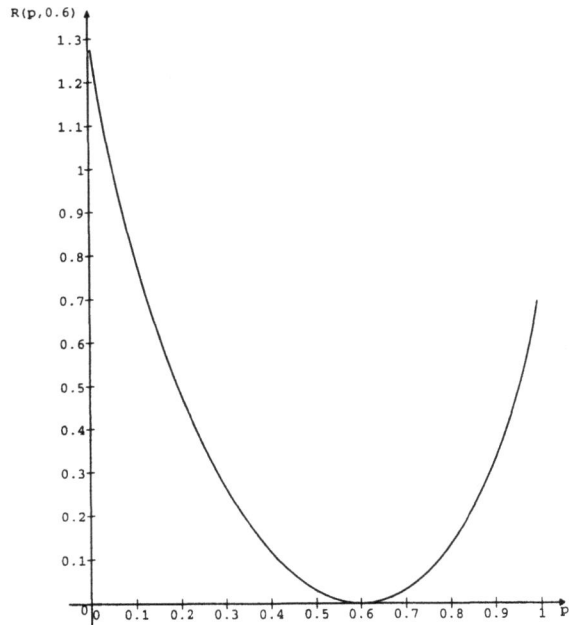

Abb. 2.2: Relative Entropie zwischen $B(1,p)$ und $B(1,0.6)$

1. und 2. sind wichtig bei Optimierungsproblemen, in denen die relative Entropie als Zielfunktion auftritt. Eine derartige Anwendung wird im folgenden Abschnitt erläutert.

2.3 Das Prinzip der minimalen relativen Entropie

Dieser Abschnitt beschäftigt sich mit dem folgenden Problem:

Es sei $(\Omega, \mathcal{P}(\Omega), P)$ ein endlicher W-Raum, dessen Verteilung P unbekannt ist. Bekannt ist lediglich eine Ausgangsverteilung P_0 sowie zusätzlich ein System von linearen Nebenbedingungen, von denen man weiß, daß die W-Funktion der unbekannten Verteilung diese erfüllt.[6] Im allgemeinen bestimmen die Nebenbedingungen die unbekannte Verteilung nicht in eindeutiger Weise. Es stellt sich die Frage, welche Verteilung den durch P_0 und die Nebenbedingungen gegebenen Informationsstand repräsentieren soll.

Um die Beschäftigung mit dieser Frage und deren zugehörige Antwort besser zu motivieren, sollen zunächst zwei einfache Beispiele[7] beschrieben werden, in denen die Informationen unmittelbar zu linearen Nebenbedingungen führen:

Beispiel 2.1 Ein verfälschter Würfel habe den Erwartungswert 4.5 (Im Gegensatz zum „echten" Würfel mit Erwartungswert 3.5). Welche Wahrscheinlichkeiten p_j soll man den einzelnen Augenzahlen $j = 1, \ldots, 6$ zuordnen, wenn außer dieser Information nichts weiter bekannt ist ?

Beispiel 2.2 In einer Urne befinden sich rote, weiße und blaue Kugeln. Es ist lediglich bekannt, daß die Urne wesentlich mehr blaue als weiße Kugeln enthält, also z.B.: $P(blau|\neg rot) = 0.9$. Welche Anteile (Wahrscheinlichkeiten) sollte man den drei Farben jeweils zuordnen ?

In beiden Beispielen führen die Informationen auf lineare Nebenbedingungen. In Beispiel 2.1 führt die Information über den Erwartungswert auf die Gleichung:

$$\sum_j j p_j = 4.5$$

In Beispiel 2.2 führt die Information über die bedingte Wahrscheinlichkeit auf die Gleichung:

$$p(blau) = 0.9[p(blau) + p(weiß)] \tag{2.2}$$

Es ist unmittelbar einsichtig, daß – ähnlich wie in den Beispielen – ein Problem auch auf mehrere Nebenbedingungen führen kann. Die Antwort

---

[6]Falls keine Ausgangsverteilung vorhanden ist, wird die Gleichverteilung auf Ω unterstellt.

[7]Die Beispiele sind entnommen aus Jaynes [33] bzw. Nguyen [64].

auf die eingangs gestellte Frage, nämlich welche Verteilung die durch die
Nebenbedingungen gegebene Information repräsentieren soll, liefert nun das
sog. Prinzip der minimalen relativen Entropie:

> Ist P_0 eine Ausgangsverteilung und ist neue Information in
> Form von linearen Nebenbedingungen vorhanden, so sollte als
> Repräsentant des aktualisierten Informationsstandes diejenige
> Verteilung P^* gewählt werden, deren relative Entropie zu P_0 bei
> gegebenen Nebenbedingungen minimal ist.

Ist keine Ausgangsverteilung vorhanden (wie bei den obigen Beipielen der
Fall), so geht das Prinzip der minimalen relativen Entropie über in das
Prinzip der maximalen Entropie:

> Ist Information in Form von linearen Nebenbedingungen vorhan-
> den, so sollte als Repräsentant des aktualisierten Informations-
> standes diejenige Verteilung P^* gewählt werden, deren Entropie
> bei gegebenen Nebenbedingungen maximal ist.

Bemerkung 2.3 Das Prinzip der maximalen Entropie ist lediglich ein Spezialfall des Prinzips der minimalen relativen Entropie für den Fall, daß P_0
die Gleichverteilung ist. Dies sieht man unmittelbar, wenn man berücksichtigt, daß die W-Funktion der Gleichverteilung eine Konstante $p_0(\omega) = c$, $\forall \omega$
ist. Es gilt dann nämlich:

$$\begin{aligned}R(P, P_0) &= \sum_{\omega \in \Omega} p(\omega) \log \frac{p(\omega)}{c} = \sum_{\omega \in \Omega} p(\omega) \log p(\omega) - \sum_{\omega \in \Omega} p(\omega) \log c \\ &= -H(P) - \log c,\end{aligned}$$

d.h. die relative Entropie zur Gleichverteilung unterscheidet sich von der
Entropie nur im Vorzeichen und um die Konstante $\log c$. Minimierung der
relativen Entropie und Maximierung der Entropie führen somit zum gleichen
Ergebnis.

Damit ist die Antwort auf die eingangs gestellte Frage gegeben. Warum aber
gerade die relative Entropie minimiert (bzw. die Entropie maximiert) werden soll – und nicht irgendein anderes Funktional – ist nach den bisherigen

Ausführungen noch unklar. Man hätte auch auf die Idee kommen können, die normierten quadrierten Differenzen zwischen der alten und neuen Verteilung zu minimieren, also:

$$\sum_{\omega \in \Omega} \frac{(p(\omega)-p_0(\omega))^2}{p_0(\omega)} \to \min!,$$

oder auch eine andere Abstandsnorm. Diese Idee wird sich aber als nicht besonders gut erweisen. Eine andere Wahl der Zielfunktion kann unter Umständen zu inkonsistenten Ergebnissen führen, wie der folgende Abschnitt zeigt.

2.4 Die Axiomatik von Shore und Johnson

Das in Abschnitt 2.3 vorgestellte Prinzip der minimalen relativen Entropie ist zunächst noch eine „Black Box", in die eine Ausgangsverteilung und ein lineares Gleichungssystem hineingehen; heraus kommt eine Verteilung, die alle Nebenbedingungen erfüllt und die die vorhandene Information bestmöglich repräsentieren soll. Ein derartiges Verfahren sollte man nur dann akzeptieren, wenn seine Eigenschaften gewissen Anforderungen oder Axiomen genügen. Eine Minimalanforderung ist sicherlich die Konsistenz. Hiermit ist insbesondere gemeint, daß logisch äquivalente Formulierungen eines Problems auf identische Lösungen führen sollten. Die Konsistenzforderung läßt sich sehr gut anhand der eingangs erwähnten Beispiele verdeutlichen:

Fortsetzung von Beispiel 2.2 Für die Urne ist Information über eine bedingte Wahrscheinlichkeit gegeben. Diese bedingte Wahrscheinlichkeit ist eine Aussage über eine Teilmenge des Grundraums, nämlich die Menge der nicht roten Kugeln (siehe auch Gleichung (2.2)). Man kann also anstelle der Menge $\Omega := \{rot, weiß, blau\}$ auch die Teilmenge $\Omega' := \{weiß, blau\}$ als Grundmenge wählen. Auf der Teilmenge Ω' kann man nun eine Verteilung suchen, deren W-Funktion die Nebenbedingung erfüllt. Andererseits kann man auch direkt auf Ω eine Verteilung suchen und dann die bedingte Verteilung gegeben Ω' berechnen. Von einem konsistenten Verfahren wird man erwarten, daß die bedingte Verteilung mit der auf Ω' ermittelten Lösung identisch ist.

Eine weitere wünschenswerte Eigenschaft wird deutlich, wenn man zusätzlich auch das Beispiel 2.1 hinzuzieht.

Beispiel 2.3 Bei getrennter Betrachtung der Beispiele sind zwei Verteilungen gesucht, die jeweils die vorgegebenen Nebenbedingungen erfüllen. Hat man diese Verteilungen gefunden, so kann man *danach* die Produktverteilung über der Menge $\{1, 2, 3, 4, 5, 6\} \times \{$blau,weiß,rot$\}$ erzeugen. Andererseits ist es auch möglich, *zunächst* die Produktverteilung über dem Kreuzprodukt der Grundmengen zu bilden. Auf dem Kreuzprodukt kann man nun eine gemeinsame Verteilung suchen, die beide Nebenbedingungen gleichzeitig erfüllt. Von einem konsistenten Verfahren wird man erwarten, daß beide Lösungen identisch sind.

Außerdem möchte man natürlich auch unter gleichen Bedingungen immer auf dasselbe Ergebnis geführt werden, d.h. die gesuchte Verteilung sollte eindeutig sein.

Alle diese Forderungen lassen sich in der folgenden Axiomatik zusammenfassen, die Anfang der 80er Jahre von Shore und Johnson [83] aufgestellt wurde:[8]

Axiom 1 (Eindeutigkeit): Das Verfahren sollte im Falle der Existenz einer Lösung immer ein eindeutiges Ergebnis liefern.

Axiom 2 (Permutationsinvarianz): Das Verfahren sollte invariant gegenüber Permutationen bei der Indizierung der Elementarereignisse sein.

Axiom 3 (Keine Redundanz): Falls die Ausgangsverteilung bereits alle Nebenbedingungen erfüllt, sollte das Verfahren eine Verteilung erzeugen, die mit der Ausgangsverteilung identisch ist.

Axiom 4 (Teilmengenunabhängigkeit): Ist eine Nebenbedingung gegeben, in der eine Aussage über einer Teilmenge der Grundmenge gemacht wird, so soll es unerheblich sein, ob man zunächst aus der Ausgangsverteilung die bedingte Verteilung berechnet und dann das

---

[8] Alternative Axiomatisierungen finden sich in Paris & Vencovská [67] sowie in Kern-Isberner [41].

Verfahren anwendet oder ob man zunächst das Verfahren anwendet und dann aus der Lösung die bedingte Verteilung berechnet.

Axiom 5 (Produktmengenunabhängigkeit): Sind zwei Nebenbedingungen gegeben, in der jeweils Aussagen über zwei Verteilungen auf verschiedenen Grundmengen gemacht werden, so soll es unerheblich sein, ob man zunächst die Produktverteilung erzeugt und dann das Verfahren anwendet oder ob man zunächst beide Probleme getrennt löst und dann die Produktverteilung erzeugt.

Shore und Johnson zeigen, daß die Minimierung der relativen Entropie ein Verfahren darstellt, das diesen Anforderungen genügt. Weiterhin weisen sie die Eindeutigkeit (bis auf monotone Transformationen) der relativen Entropie nach. D.h.: Minimiert man eine andere Funktion (wie z.b. die Summe der normierten quadratischen Differenzen), so kann dies zu einer Verletzung der Axiome, also zu Inkonsistenzen führen.

Mit den obigen Bemerkungen sollte das Prinzip der minimalen relativen Entropie genügend motiviert sein. Die weiteren Ausführungen beschäftigen sich mit der praktischen Ermittlung der gesuchten Verteilung.

2.5 Die allgemeine Struktur der gesuchten Verteilung

Nachdem die bisherigen Ausführungen eher verbal und informell waren, soll nun eine formale Darstellung der Zusammenhänge erfolgen. Hierzu sei angenommen, daß die Elemente der Grundmenge in beliebiger Weise indiziert sind (diese Annahme stellt aufgrund der Permutationsinvarianz keine Einschränkung der Allgemeinheit dar). Bei einer Indizierung der Elementarereignisse kann man die W-Funktion einer Verteilung P als *Vektor $\vec{p}$* interpretieren, dessen Komponenten $p_j := p(\omega_j), \forall \omega_j \in \Omega$ mit den Elementarwahrscheinlichkeiten identifiziert werden. Dann ist bei der Anwendung des Prinzips der minimalen relativen Entropie das folgende Optimierungsproblem zu lösen:

Gegeben sei ein Vektor $\vec{p}_0 \in S^n$, mit $S^n := \{\vec{x} \in \mathbb{R}^n \mid \sum_{j=1}^n x_j = 1, x_j \geq 0\}$ sowie eine $m \times n$-Matrix $A = (a_{ij})$.

Gesucht ist die Lösung des folgenden Optimierungsproblems:

$$\sum_j p_j \log \frac{p_j}{p_{0_j}} \longrightarrow \min!$$

s.d. (MINREL)

$$A\vec{p} = 0$$
$$\vec{p} \in S^n$$

Bemerkung 2.4 In konkreten Fällen können die Nebenbedingungen auch durch ein inhomogenes Gleichungssystem (wie z.B. beim Würfel) gegeben sein. Wegen der Normierungsbedingung kann aber jede Gleichung der Form $\sum_j a_{ij} p_j = b$ auf eine Gleichung $\sum_j a'_{ij} p_j = 0$ mit $a'_{ij} := a_{ij} - b$ transformiert werden. Das obige Optimierungsproblem beschreibt also bereits den allgemeinen Fall.

Bemerkung 2.5 Bei unbekannter Ausgangsverteilung geht das Prinzip der minimalen relativen Entropie über in das Prinzip der maximalen Entropie. In diesem Fall ist die Zielfunktion durch: „$-\sum_j p_j \log p_j \to \max!$" zu ersetzen.

Der folgende Satz gibt eine allgemeine Charakterisierung der gesuchten Optimallösung:

Satz 2.1 *Ist die Lösungsmenge des Optimierungsproblems (MINREL) nichtleer, so gibt es positive Faktoren* $\alpha_0, \alpha_1, \ldots, \alpha_m$ *derart, daß für die W-Funktion der optimalen Lösung* P^* *gilt:*

$$p_j^* > 0 \Rightarrow p_j^* = p_{0_j} \alpha_0 \prod_{i=1}^m \alpha_i^{a_{ij}}, \quad \forall j \tag{2.3}$$

Für den Zielfunktionswert R^* *gilt dann:* $R^* = \log \alpha_0$

Beweis: Das Problem besitzt wegen der Konvexität von Zielfunktion und linearen Nebenbedingungen genau eine Lösung. Aus den Kuhn-Tucker-Bedingungen[9] folgt daher für $p_j^* > 0$ die Existenz von (positiven) Lagrangeparametern $\lambda_0, \lambda_1, \ldots, \lambda_m$ mit:

$$\log \frac{p_j^*}{p_{0_j}} + 1 - \lambda_0 - \sum_{i=1}^{m} \lambda_i a_{ij} = 0, \forall j$$

$$\Leftrightarrow p_j^* = p_{0_j} e^{(-1+\lambda_0+a_{1j}\lambda_1+\cdots+a_{mj}\lambda_m)}, \forall j$$

wobei $\vec{p}^*$ alle Nebenbedingungen erfüllt.
Setzt man nun: $\alpha_0 := e^{-1+\lambda_0}$ sowie $\alpha_i := e^{\lambda_i}$, so ergibt sich die behauptete Darstellung. Den Zielfunktionswert erhält man durch Einsetzen der Lösung in die Zielfunktion. ∎

Zur Erläuterung des Satzes wird noch einmal das Beispiel mit der Urne aufgegriffen:

Fortsetzung von Beispiel 2.2 Für die Urne war lediglich bekannt, daß der Anteil der blauen Kugeln wesentlich höher als der Anteil der weißen Kugeln ist, und zwar sollte gelten: $P(blau|\neg rot) \stackrel{!}{=} 0.9$. Mit einer Indizierung der Elemente von Ω wie in der Tabelle aus Abb. 2.3 ergibt sich die lineare Gleichung:

$$-0.9 p_2 + 0.1 p_3 = 0 \qquad (2.4)$$

Die Matrix A reduziert sich also auf einen Koeffizientenvektor $\vec{a} = (0, -0.9, 0.1)$. Da man die konkreten Werte der Faktoren α_i im allgemeinen nicht kennt, kann man zunächst die Menge aller Verteilungen betrachten, deren W-Funktion einer Faktorisierung gemäß (2.3) genügt:

$$p_j = \tfrac{1}{3}\alpha_0 \alpha_1^{a_j} = \frac{\alpha^{a_j}}{1 + \alpha^{0.1} + \alpha^{-0.9}}, \; mit \; j = 1, 2, 3 \; und \; \alpha := \alpha_1, \qquad (2.5)$$

wobei der Normierungsfaktor α_0 bereits implizit berücksichtigt wurde. In Abb. 2.3 ist diese Menge als Kurve Π_α graphisch in einem baryzentrischen Koordinatensystem dargestellt. Die Anfangs und Endpunkte der Kurve sind die

---
[9] vgl. hierzu auch Fletcher [19], S. 222.

j	Ω	p_j	$\alpha \to 0$	$\alpha = 1$	$\alpha^* = 9$	$\alpha \to \infty$
1	rot	p_1	0	1/3	0.4194	0
2	weiß	p_2	1	1/3	0.0581	0
3	blau	p_3	0	1/3	0.5225	1

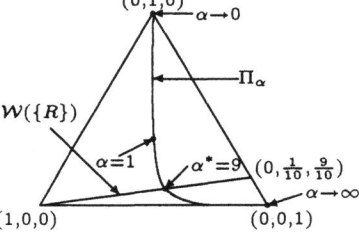

Abb. 2.3: (p_1, p_2, p_3) für verschiedene Werte von α

Grenzverteilungen für $\alpha \to 0$ bzw. $\alpha \to \infty$. Für $\alpha = 1$ ergibt sich die Gleichverteilung. In diesem speziellen Fall läßt sich sogar der konkrete Wert α^* der Lösung von (MINREL) berechnen. Aus den Gleichungen (2.2) und (2.5) folgt:

$$9p_2 = p_3 \implies 9\alpha^{-0.9} = \alpha^{0.1} \implies \alpha^* = 9$$

Setzt man diesen Wert in Gleichung (2.5) ein, so ergibt sich die Lösung in der Tabelle aus Abb. 2.3.

Leider ist die konkrete Berechnung der Faktoren aus Satz 2.1 nicht immer so einfach wie in dem obigen Beispiel. Bereits für den Würfel aus Beispiel 2.1 läßt sich die Optimallösung[10] nicht mehr analytisch berechnen. Bei mehreren Nebenbedingungen verschärft sich das Problem natürlich, da dann ein hochdimensionales nichtlineares Gleichungssystem gelöst werden muß. Es wird daher im weiteren ein iteratives Verfahren vorgestellt, mit dem die Lösung von (MINREL) bis auf eine vorher gewählte Genauigkeit berechnet werden kann.

---

[10] $\vec{p}^* \approx (0.05, 0.08, 0.11, 0.17, 0.24, 0.35)$, entnommen aus Rosenkrantz [79], S. 244.

2.6 Iterative Berechnung der gesuchten Verteilung

In diesem Abschnitt soll ein iteratives Verfahren zur Bestimmung der Lösung des Problems (MINREL) entwickelt werden. Die theoretische Grundlage für diese Iteration liefert der Satz 2.5, der erst relativ spät (1975) vollständig und korrekt von Csiszár [16] bewiesen wurde. Der Beweis wird hier aus zwei Gründen vollständig vorgeführt:

1. In der Originalarbeit von Csiszár wird das Theorem unter sehr allgemeinen maßtheoretischen Voraussetzungen bewiesen, die evtl. das Verständnis für die prinzipiell einfache Idee erschweren. Da hier ein endlicher Grundraum vorausgesetzt wird, kann der Beweis mit der bisher verwendeten Notation auf relativ einfache Weise geführt werden.

2. Die Lemmata, die in diesem Beweis benötigt werden, lassen sich geometrisch deuten und tragen damit zu einem vertieften Verständnis der relativen Entropie als gerichtetes Abstandsmaß zwischen zwei Verteilungen bei.

Das erste Lemma stellt im gewissen Sinne eine Analogie zum Satz von Pythagoras her:

Lemma 2.2 *Es sei* $\mathbb{L} = \{P | A\vec{p} = 0, \sum_j p_j = 1, p_j \geq 0\}$ *die Menge der zulässigen Lösungen von (MINREL) und* $P^* \in \mathbb{L}$ *die zugehörige eindeutige Lösung. Weiterhin sei* $Q \in \mathbb{L}$ *irgendeine weitere zulässige Verteilung. Dann gilt:*

$$R(Q, P_0) = R(Q, P^*) + R(P^*, P_0) \quad (2.6)$$

Beweis: Wegen Satz 2.1 existieren $\alpha_0, \alpha_1, \ldots, \alpha_m \in \mathbb{R}$ derart, daß für die W-Funktion von P^* gilt:

$$p_j^* = p_{0,j} \alpha_0 \prod_{i=1}^{m} \alpha_i^{a_{ij}}$$

Einsetzen von p_j^* in die rechte Seite von (2.6) liefert:

$$R(Q, P^*) + R(P^*, P^0) = \sum_j q_j \log \frac{q_j}{p_j^*} + \sum_j p_j^* \log \frac{p_j^*}{p_j^0}$$

$$= \sum_j q_j \log \frac{q_j}{p_j^0 \alpha_0 \prod_i \alpha_i^{a_{ij}}} + \sum_j p_j^* \log \frac{p_j^0 \alpha_0 \prod_i \alpha_i^{a_{ij}}}{p_j^0}$$

$$= \sum_j q_j \log \frac{q_j}{p_j^0} - \sum_j q_j \log \alpha_0 \prod_i \alpha_i^{a_{ij}} + \sum_j p_j^* \log \alpha_0 \prod_i \alpha_i^{a_{ij}}$$

$$= \sum_j q_j \log \frac{q_j}{p_j^0} - \log \alpha_0 \sum_{ij} a_{ij} q_j \log \alpha_i + \log \alpha_0 \sum_{ij} a_{ij} p_j^* \log \alpha_i$$

$$= \sum_j q_j \log \frac{q_j}{p_j^0} - \log \alpha_0 + \log \alpha_0$$

$$= R(Q, P^0)$$

(Die Summen laufen von $j = 1$ bis n, die Produkte von $i = 1$ bis m) ∎

Corollar 2.3 *Mit den Voraussetzungen aus Lemma 2.2 gilt insbesondere:*

$$\forall Q \in \mathbb{L} : R(Q, P^*) = H(P^*) - H(Q)$$

wobei H die Entropie gemäß Def. 2.1 ist.

Beweis: Die Behauptung ergibt sich unmittelbar aus der Gleichung (2.6) wenn man für P_0 die Gleichverteilung einsetzt. ∎

Bemerkung 2.6 Wegen $R(Q, P^*) \geq 0$ ist die Verteilung P^* bzgl. $\mathbb{L}$ ungefähr das, was die Gleichverteilung in Bezug auf den Simplex S^n ist.

Eine weitere wichtige Eigenschaft der Lösung von (MINREL) ist die Transitivität, d.h. es gilt:

Lemma 2.4 *Es sei A' die $(m-1) \times n$-Matrix, die aus A entsteht, wenn man in (MINREL) eine beliebige Nebenbedingung entfernt. Die Menge der zulässigen Lösungen seien jeweils mit $\mathbb{L}$ und $\mathbb{L}'$ bezeichnet, d.h.:*

$$\mathbb{L} = \{P|Ap = 0, \sum_i p_i = 1, p_i \geq 0\} \text{ und } \mathbb{L}' = \{P|A'p = 0, \sum_i p_i = 1, p_i \geq 0\}.$$

Weiterhin seien P^* bzw. P' die Lösungen von

$$\min_P \{R(P, P^0)|P \in \mathbb{L}\} \text{ bzw. } \min_P \{R(P, P^0)|P \in \mathbb{L}'\}$$

Dann gilt: P^* ist auch die eindeutige Lösung von:

$$\min_P \{R(P, P')|P \in \mathbb{L}\}$$

d.h. P^* minimiert ebenfalls den informationstheoretischen Abstand zu P'.

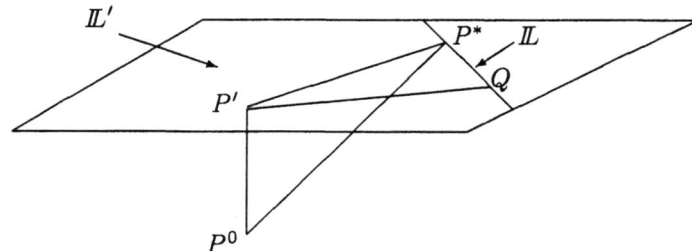

Beweis: Da P^* die Lösung von (MINREL) ist gilt:

$$R(Q, P_0) \geq R(P^*, P_0), \forall Q \in \mathbb{L}$$

Außerdem sind wegen $\mathbb{L} \subseteq \mathbb{L}'$ natürlich sowohl P^* als auch Q in $\mathbb{L}'$ enthalten, sodaß man das Lemma 2.2 auf beiden Seiten der Ungleichung anwenden kann. Damit ergibt sich:

$$\begin{aligned} R(Q, P') + R(P', P_0) &\geq R(P^*, P') + R(P', P_0), \forall Q \in \mathbb{L} \\ \Longleftrightarrow R(Q, P') &\geq R(P^*, P'), \forall Q \in \mathbb{L} \end{aligned}$$

d.h. P^* minimiert auch die relative Entropie zu P'. ■

Damit sind alle Vorbereitungen für das bereits angekündigte wichtige Theorem zur Lösung von (MINREL) getroffen:

Satz 2.5 *Es sei P^* die Lösung von (MINREL) und es sei $P_1, P_2, \ldots$ eine rekursive Folge von W-Verteilungen, für die gilt:*
$P_n, n \geq 1$ ist die Lösung des folgenden Problems:

$$R(P, P_{n-1}) \longrightarrow \min!$$

s.t.

$$\begin{aligned} \sum_j a_{ij} p_j &= 0 \\ \sum_j p_j &= 1 \\ p_j &\geq 0, \forall j \end{aligned}$$

wobei i zyklisch die Menge $\{1, \ldots, m\}$ durchläuft, d.h. $i = ((n-1) \bmod m) + 1$. Dann konvergiert die Folge $P_1, P_2, P_3, \ldots$ gegen die Lösung von (MINREL).

Beweis: Bezeichnet man die Lösungsmenge der Nebenbedingungen von (MINREL) mit $\mathbb{L}$, so gilt nach Vor.: $\mathbb{L} \neq \emptyset$. Wegen Lemma 2.2 gilt dann für beliebiges $P \in \mathbb{L}$ und für jeweils zwei benachbarte Elemente der oben definierten Folge:

$$R(P, P_{n-1}) = R(P, P_n) + R(P_n, P_{n-1}), \forall P \in \mathbb{L}, \forall n \in \mathbb{N}$$

bzw. wie man unmittelbar durch Induktion nach n zeigt:

$$R(P, P_0) = R(P, P_n) + \sum_{k=1}^{n} R(P_k, P_{k-1}), \forall P \in \mathbb{L}, \forall n \in \mathbb{N} \qquad (2.7)$$

Da nun P^* nach Voraussetzung die Lösung von (MINREL) ist, gilt wegen Lemma 2.4 für alle P_n:

$$R(P^*, P_n) \leq R(P, P_n), \forall P \in \mathbb{L}, \forall n \in \mathbb{N}$$

d.h. P^* minimiert auch die relative Entropie in Bezug auf jedes P_n. Also gilt ebenfalls:

$$R(P, P_n) = R(P, P^*) + R(P^*, P_n), \forall P \in \mathbb{L}, \forall n \in \mathbb{N} \qquad (2.8)$$

Es wird nun gezeigt: Wenn eine Teilfolge von P_n gegen eine Grenzverteilung P^∞ konvergiert, dann ist P^∞ mit P^* identisch.
Hierzu wird die Annahme unterstellt: P_{n_l} ist eine Teilfolge von P_n mit:

$$\lim_{l \to \infty} P_{n_l} = P^\infty$$

Die zugehörige W-Funktion von P^∞ erfüllt dann alle Nebenbedingungen. Dies sieht man folgendermaßen:
Wegen $R \geq 0$ für irgend zwei beliebige Verteilungen ist die Reihe $\sum_{k=1}^\infty R(P_k, P_{k-1})$ monoton wachsend und nach oben durch $R(P, P_0)$ beschränkt, d.h. die Reihe konvergiert. Notwendigerweise gilt also für die zugehörigen Summanden:

$$\lim_{k \to \infty} R(P_k, P_{k-1}) = 0 \Longrightarrow \lim_{k \to \infty} |P_k - P_{k-1}| = 0$$

d.h. der Abstand zweier aufeinanderfolgender Verteilungen konvergiert gegen 0. Damit konvergieren auch die Folgen $P_{n_l+1}, P_{n_l+2}, \ldots, P_{n_l+m}$ für $l \to \infty$ gegen P^∞, d.h. die W-Funktion der Grenzverteilung P^∞ erfüllt alle Nebenbedingungen. Für die Grenzverteilung P^∞ und die Teilfolge P_{n_l} gilt also ebenfalls Gleichung (2.8), d.h.:

$$R(P^\infty, P_{n_l}) = R(P^\infty, P^*) + R(P^*, P_{n_l})$$

Wegen $\lim_{l \to \infty} P_{n_l} = P^\infty \Rightarrow R(P^\infty, P_{n_l}) \to 0$ folgt daher auch $R(P^\infty, P^*) = 0$, d.h. $P^\infty = P^*$.
Wegen $\sum_j p_j = 1$ ist mit P_n auch jede Teilfolge von P_n beschränkt. Man kann also aus jeder Teilfolge eine gegen P^* konvergente Teilfolge (*Bolzano-Weierstraß*) auswählen.[11] Diese Aussage ist aber äquivalent mit $P_n \to P^*$, d.h. der Satz ist bewiesen. ∎

---

[11]siehe z.B. Wille [95].

2.7 Historische und bibliographische Anmerkungen

Der Begriff des Informationsgehaltes (Entropie) einer Wahrscheinlichkeitsverteilung ist erstmals 1949 von dem amerikanischen Ingenieur Claude Shannon im Rahmen der ebenfalls von ihm begründeten Informationstheorie[12] eingeführt worden. Shannon ordnet jedem Zeichen eines Alphabets eine Eintrittswahrscheinlichkeit zu und definiert so ein Maß für die durchschnittlich übertragene Information in einem Nachrichtenkanal. Die Verwendung der Entropie und der relativen Entropie als Zielfunktion in einem Optimierungsproblem wurde erstmals 1957 von dem Physiker E.T. Jaynes in [32] vorgeschlagen. Jaynes gelangt so zu den bekannten Formeln der Thermodynamik, wobei er Temperaturen und Drücke als vorgegebene Erwartungswerte (und damit lineare Nebenbedingungen) einer unbekannten Verteilung über der Menge aller Zustände eines Gases auffaßt. Seitdem hat sich dieses Prinzip sowohl in der Physik als auch in der induktiven Statistik als Alternative zu den bereits bekannten Verfahren etabliert. Insbesondere in der Statistik ist das Prinzip der minimalen relativen Entropie 1958 von Solomon Kullback [46] in seiner Monographie zu einem anerkannten Verfahren der statistischen Inferenz ausgebaut worden. Kullback versucht auch 1968 in [47] als erster einen Beweis für den Satz 2.5, der die Grundlage für das heute als *Iterative Proportional Fitting* (kurz: IPF) bekannte Verfahren bildet. Mit diesem Verfahren wird u.a. in der induktiven Statistik eine Wahrscheinlichkeitsverteilung aus Kontingenztabellen geschätzt. Leider ist dieser „Beweis" nicht ganz fehlerfrei. Erst 1975 wird von Csiszár der hier mit elementaren Mitteln nachvollzogene Beweis in wesentlich allgemeinerer Form durchgeführt. Seit der im Jahre 1980 von Shore und Johnson durchgeführten Axiomatisierung finden sich auch vermehrt Anwendungen auf dem Gebiet der Künstlichen Intelligenz. Hier sind insbesondere die Arbeiten von Lemmer und Barth [52],[53], Cheeseman [13], Nilsson [65] sowie Wen [92] zu nennen, auf die an späterer Stelle noch Bezug genommen wird.

---

[12]siehe hierzu auch die Originalarbeit von Shannon [81].

Kapitel 3

Wahrscheinlichkeit und Graphen

Motivation: Ein wesentliches Ziel, das in den quantitativen Wissenschaften verfolgt wird, ist die Abbildung von realen Sachverhalten auf mathematische Modelle. Diese Modelle enthalten sehr oft eine stattliche Anzahl von Variablen, die nicht immer in deterministischen Abhängigkeiten stehen. Die Beziehungen zwischen den Variablen sind dann stochastisch, d.h. die Variablen sind *Zufallsvariable* und die formale Beschreibung der wechselseitigen Abhängigkeiten führt letztlich auf eine *gemeinsame Wahrscheinlichkeitsverteilung*.

In diesem Kapitel werden nun einige Zusammenhänge zwischen mehrdimensionalen Verteilungen und Graphen beschrieben. Diese Zusammenhänge lassen sich bei der Modellierung und Interpretation von derartigen Verteilungen ausnutzen. Der zentrale Begriff, der die Verbindung zwischen einem Graphen und einer gemeinsamen Verteilung herstellt, ist der Begriff der *bedingten (Un-) Abhängigkeit* von Zufallsvariablen.

3.1 Der Begriff der bedingten Unabhängigkeit von Zufallsvariablen

Zufallsvariable werden als bedingt unabhängig bezeichnet, wenn sie in der gemeinsamen Verteilung bei Kenntnis der Realisationen weiterer Variabler unabhängig sind. Zwei Variable, die bei einem bestimmten Wissensstand als abhängig zu betrachten sind, können bei einem neuen Wissensstand also unabhängig „werden". Dies ist oftmals dann der Fall, wenn eine dritte Variable, deren Wert bisher unbekannt war, die beiden Variablen beeinflußt. Ein kurzes Beispiel soll verdeutlichen, daß dieser „Wechsel" im Abhängigkeitsverhältnis im Prinzip etwas selbstverständliches ist:

Beispiel 3.1 Für eine Versicherungsgesellschaft ist die Anzahl der neu hinzukommenden Verträge/Periode, das sogenannte Neugeschäft, eine stochastische Größe. Ein hohes Neugeschäft führt im allgemeinen zu steigenden Erlösen aus den vermehrten Beitragszahlungen. Andererseits steigen dann auch die gemeldeten Schadensfälle und somit die Kosten. In einem sehr einfachen Modell kann man nun drei binäre Zufallsvariable N (Neugeschäft), E (Erlös) und K (Kosten) mit Werten in $\{0,1\}$ definieren. Der Wert „0" wird als geringes Neugeschäft bzw. in etwa konstant bleibende Kosten und Erlöse, die „1" als hohes Neugeschäft bzw. steigende Erlöse und Kosten interpretiert. Bei *unbekanntem* Neugeschäft kann man aus einem Anstieg der Erlöse auch auf steigende Kosten schließen. Ist hingegen die Anzahl der neuen Verträge bekannt, so liefert die zusätzliche Kenntnis der Erlöse keinerlei weitere Informationen über die Höhe der Kosten. Die Variable E ist also unabhängig von K, wenn man den Wert von N kennt.

Aus dem obigen Beispiel kann man bereits die folgende verbale Beschreibung der bedingten Unabhängigkeit der Variablen E, K, N ableiten:[1]

> *Die Kenntnis eines Wertes von E liefert keine zusätzliche Information über den Wert von K, wenn der Wert von N bereits bekannt ist.*

---
[1] siehe auch Pearl [68], S. 91.

Zu einer formalen Beschreibung gelangt man durch die Einführung einer gemeinsamen Verteilung über E, K, N. Die Variable E ist genau dann bedingt unabhängig von K gegeben N, wenn für die bedingten Wahrscheinlichkeiten gilt:

$$P(E = e|K = k, N = n) = P(E = e|N = n), \ \forall(e, k, n) \in \{0, 1\}^3$$

Die in dem Beispiel angeführte bedingte Unabhängigkeit von drei *einzelnen* Variablen läßt sich sinngemäß auf drei *Mengen* von Zufallsvariablen verallgemeinern. Die hierzu notwendige Terminologie ist allerdings hinsichtlich der Indizierung von Zufallsvariablen etwas gewöhnungsbedürftig. Es soll daher zunächst eine Einführung in die verwendete Notation und Symbolik erfolgen. Dabei werden elementare Kenntnisse über mehrdimensionale Verteilungen vorausgesetzt, die beispielsweise in den Standardlehrbüchern von Bauer [4] oder Behnen [6] zu finden sind.

Vorbemerkungen zur Notation und Symbolik

Gegenstand der weiteren Ausführungen ist die Untersuchung von bedingten Unabhängigkeitsbeziehungen in einer Familie $(X_v)_{v \in V}$ von *endlichwertigen* Zufallsvariablen mit Werten in $(\mathcal{X}_v)_{v \in V}$. Für eine Teilmenge $A \subseteq V$ sei $\mathcal{X}_A = \times_{v \in A} \mathcal{X}_v$ das *kartesische Produkt der Familie* $(\mathcal{X}_v)_{v \in A}$ sowie $\mathcal{X} = \mathcal{X}_V$. Die Elemente von $\mathcal{X}_A$ sind Wertefamilien $x_A = (x_v)_{v \in A}$. Analog sei $X_A = (X_v)_{v \in A}$. Die Indexmenge V wird an späterer Stelle als Knotenmenge eines *Graphen* interpretiert.[2]

Über $\mathcal{X}$ sei eine *gemeinsame Verteilung* P der Familie $(X_v)_{v \in V}$ erklärt. Für irgend zwei Realisationen x_A, x_B der Teilfamilien X_A und X_B wird dann mit $p(x_A) = P(X_A = x_A)$ die *Randwahrscheinlichkeit* bzw. mit $p(x_B|x_A) = P(X_B = x_B|X_A = x_A)$ die zugehörige *bedingte Randwahrscheinlichkeit* bezeichnet.

Für die hier betrachteten endlichwertigen Zufallsvariablen können die W-Funktionen aller (bedingten) Verteilungen durch Tabellen (wie beispielsweise in Abb. 3.1) repräsentiert werden. Sind $A, B, S \subseteq V$ drei paarweise

---
[2] Vgl. hierzu beispielsweise Whittaker [94], S. 14ff, Lauritzen [49], S. 69 sowie Lauritzen & Spiegelhalter [50].

x_1	x_2	x_3	$p(x_1,x_2,x_3)$	x_1	x_2	x_3	$p(x_1|x_2,x_3)$	x_1	x_2	$p(x_1,x_2)$	x_1	x_3	$p(x_1,x_3)$
0	0	0	0.144	0	0	0	0.8	0	0	0.158	0	0	0.24
0	0	1	0.014	0	0	1	0.1	0	1	0.152	0	1	0.07
0	1	0	0.096	0	1	0	0.8	1	0	0.162	1	0	0.06
0	1	1	0.056	0	1	1	0.1	1	1	0.528	1	1	0.63
1	0	0	0.036	1	0	0	0.2						
1	0	1	0.126	1	0	1	0.9						
1	1	0	0.024	1	1	0	0.2						
1	1	1	0.504	1	1	1	0.9						

Abb. 3.1: W-Funktionen einiger (bedingter) Randverteilungen

disjunkte Teilmengen, so wird für zwei beliebige *nichtnegative* Funktionen $f : \mathcal{X}_A \times \mathcal{X}_S \to \mathbb{R}_+$ und $g : \mathcal{X}_S \times \mathcal{X}_B \to \mathbb{R}_+$ das *Produkt* von f und g wie folgt erklärt:

$$(f \cdot g)(x_A, x_S, x_B) = f(x_A, x_S) \cdot g(x_S, x_B), \quad \forall x_A, \forall x_B, \forall x_S$$

Die nichtnegativen Funktionen f und g werden auch als *Potentialfunktionen*, die Funktionswerte als *Potentiale* bezeichnet (für ein Beispiel siehe Abb. 3.2).

Sind P und Q zwei gemeinsame Verteilungen der disjunkten Familien X_A und X_B und sind p und q die zugehörigen W-Funktionen, so ist das Produkt $p \cdot q$ offensichtlich gerade die W-Funktion der Produktverteilung von P und Q.

Abschließend sei noch erwähnt, daß sich alle Aussagen in diesem Kapitel problemlos auf reellwertige (stetige) Zufallsvariablen übertragen lassen, wenn man die W-Funktionen durch Dichtefunktionen und die Summationen durch Integrationen an den entsprechenden Stellen ersetzt. Nach diesen Vorbemerkungen hinsichtlich der Notation kann nun der Begriff der bedingten Unabhängigkeit für drei Familien von Zufallsvariablen definiert werden.

Definition 3.1 *Es sei $(X_v)_{v \in V}$ eine Familie von Zufallsvariablen mit gemeinsamer Verteilung P und es seien X_A, X_B, X_S drei paarweise disjunkte Teilfamilien. Dann heißen die Variablen in X_A und X_B <u>bedingt unabhängig</u> bezüglich der Variablen in X_S, wenn gilt:*

x_1	x_2	$f(x_1,x_2)$	x_2	x_3	$g(x_2,x_3)$	x_1	x_2	x_3	$(f\cdot g)(x_1,x_2,x_3)$
0	0	2	0	0	4	0	0	0	$2\cdot 4$
0	1	3	0	1	1	0	0	1	$2\cdot 1$
0	2	4	1	0	6	0	1	0	$3\cdot 6$
1	0	1	1	1	2	0	1	1	$3\cdot 2$
1	1	5	2	0	3	0	2	0	$4\cdot 3$
1	2	6	2	1	1	0	2	1	$4\cdot 1$
						1	0	0	$1\cdot 4$
						1	0	1	$1\cdot 1$
						1	1	0	$5\cdot 6$
						1	1	1	$5\cdot 2$
						1	2	0	$6\cdot 3$
						1	2	1	$6\cdot 1$

Abb. 3.2: Produkt zweier Potentialfunktionen

$$p(x_A|x_B,x_S) = p(x_A|x_S), \; \text{falls } p(x_B,x_S) > 0, \forall x_A, x_B, x_S. \quad (3.1)$$

Die Schreibweise für die bedingte Unabhängigkeit ist dann: $X_A \perp X_B | X_S$ [P], oder bei fester Verteilung auch kurz: $X_A \perp X_B | X_S$.

Bemerkung 3.1 Ist X_S die leere Familie, so ergibt sich als Spezialfall die *marginale* Unabhängigkeit von X_A und X_B.

Bemerkung 3.2 Durch Definition 3.1 wird (für ein festes P) eine *3-stellige Relation* in der Familie $(X_v)_{v \in V}$ erklärt. Die Variablen in X_A, X_B, X_C stehen genau dann in Relation zueinander, wenn die Gleichung (3.1) erfüllt ist. Die Menge aller Tripel $(A,B,S) \in \mathcal{P}^3(V)$, deren zugehörige Variable in Relation stehen, wird manchmal auch als das zu der Verteilung P gehörige *Unabhängigkeitsmodell* bezeichnet.[3]

Die obige Definition der bedingten Unabhängigkeit ist nur eine ausgewählte Möglichkeit von mehreren denkbaren Alternativen. Die folgenden Aussagen sind alle untereinander äquivalent, wie man unmittelbar erkennt:

$$X_A \perp X_B | X_S \iff p(x_A, x_B | x_S) = p(x_A|x_S)p(x_B|x_S) \quad (3.2)$$

$$\iff p(x_A, x_B, x_S) = \frac{p(x_A, x_S)p(x_B, x_S)}{p(x_S)} \quad (3.3)$$

---

[3] vgl. hierzu Pearl [68], S. 91.

In dem folgenden Lemma wird eine weitere Alternative zur Charakterisierung der bedingten Unabhängigkeit aufgezeigt:

Lemma 3.1 *Es seien X_A, X_B, X_S drei paarweise disjunkte Familien mit gemeinsamer Verteilung P. Dann gilt genau dann die bedingte Unabhängigkeit $X_A \perp X_B | X_S$, wenn es zwei Funktionen $f : \mathcal{X}_A \times \mathcal{X}_S \to \mathbb{R}_+$ und $g : \mathcal{X}_S \times \mathcal{X}_B \to \mathbb{R}_+$ gibt, so daß für die W-Funktion p der gemeinsamen Verteilung P gilt:*

$$p(x_A, x_S, x_B) = f(x_A, x_S) \cdot g(x_S, x_B), \text{ falls } p(x_S) > 0, \forall x_A, x_S, x_B \quad (3.4)$$

Beweis: Wenn $X_A \perp X_B | X_S$ gilt, so hat man mit $f(x_A, x_S) := p(x_A, x_S)$ und $g(x_S, x_B) := p(x_B | x_S)$ zwei Funktionen gefunden. Wenn die Gleichung (3.4) gilt, so gilt ebenfalls:

$$p(x_S) = \sum_{x_A} f(x_A, x_S) \cdot \sum_{x_B} g(x_S, x_B) \quad (3.5)$$

$$p(x_A, x_S) = f(x_A, x_S) \cdot \sum_{x_B} g(x_S, x_B) \quad (3.6)$$

$$p(x_S, x_B) = \sum_{x_A} f(x_A, x_S) \cdot g(x_S, x_B) \quad (3.7)$$

Setzt man nun: $f^*(x_S) := \sum_{x_A} f(x_A, x_S)$ und $g^*(x_S) := \sum_{x_B} g(x_S, x_B)$, so gilt wegen (3.5):

$$0 < p(x_S) = f^*(x_S) \cdot g^*(x_S),$$

wobei f^* und g^* zwei echt positive Funktionen sind, die nicht von (x_A, x_B) abhängig sind. Man kann also die Gleichungen (3.6) und (3.7) durch g^* und f^* dividieren. Einsetzen in (3.4) liefert dann:

$$p(x_A, x_S, x_B) = \frac{p(x_A, x_S) p(x_S, x_B)}{p(x_S)}$$

Dies ist aber wegen (3.3) äquivalent mit: $X_A \perp X_B | X_S$. ∎

Mit diesem Lemma ist es möglich, ohne die Kenntnis der konkreten Verteilung auf die bedingte Unabhängigkeit von Zufallsvariablen zu schließen. Hierzu ist es hinreichend zu wissen, daß eine Faktorisierung in zwei Faktoren gemäß (3.4) existiert. Oftmals kann eine der Funktionen f oder g wiederum in ein Produkt zerlegt werden. Man erhält dann Faktorisierungen, die mehr als zwei Faktoren enthalten. Derartige Verteilungen werden in Kapitel 4 noch eine erhebliche Bedeutung bekommen. Es ist daher sinnvoll, den Begriff einer faktorisierbaren Verteilung bereits an dieser Stelle in allgemeiner Form zu definieren:

Definition 3.2 *Es sei $(X_v)_{v \in V}$ eine Familie von Zufallsvariablen mit gemeinsamer Verteilung P und es sei $\mathcal{U}$ eine Überdeckung von V. Dann heißt die Verteilung P in Bezug auf $\mathcal{U}$ faktorisierbar, wenn es Funktionen $f_U : \mathcal{X}_U \to \mathbb{R}_+$ gibt, so daß für die W-Funktion p von P gilt:*

$$p(x) = \prod_{U \in \mathcal{U}} f_U(x_U). \tag{3.8}$$

Bemerkung 3.3 Man kann sich die Frage stellen, aus welchen realen Sachzusammenhängen sich derartige Faktorisierungen ergeben können. Eine erste Antwort darauf ist bereits durch das Beispiel 3.1 gegeben worden. In diesem Beispiel wurde die bedingte Unabhängigkeit $E \perp K | N$ zunächst aus rein betriebswirtschaftlichen Modellannahmen qualitativ begründet. Diese Annahme führt auf die Faktorisierung $p(e, k, n) = p(n) \cdot p(k|n) \cdot p(e|n)$. Eine zweite Antwort liefert der Satz 2.1. Die allgemeine Struktur der Lösung P^* von (MINREL) beschreibt ebenfalls die Faktorisierung einer Verteilung. Hier sind die Funktionen allerdings nicht als (bedingte) Randverteilungen interpretierbar.

Ist eine Faktorisierung einer Verteilung bekannt, so lassen sich auch Schlußfolgerungen über die bedingte Unabhängigkeit von Variablengruppen ableiten. Diese bedingten Unabhängigkeiten können dann übersichtlich mit Hilfe von graphischen Repräsentationen visualisiert werden.

3.2 Die graphische Repräsentation von bedingter Unabhängigkeit

Die folgenden Abschnitte behandeln die beiden gängigsten Formen zur graphischen Repräsentation von bedingten Unabhängigkeiten in mehrdimensionalen Verteilungen. Eine grobe Klassifikation unterteilt zunächst in sog. Markov- und Bayes-Netze zur Darstellung von bedingter Unabhängigkeit. Diese Einteilung ergibt sich aus der natürlichen Unterscheidung zwischen ungerichteten und gerichteten Graphen. Dabei werden die elementaren Definitionen und Eigenschaften von gerichteten und ungerichteten Graphen als bekannt vorausgesetzt.[4]

3.2.1 Erwartungen an eine graphische Repräsentation

Will man die Abhängigkeiten in einer mehrdimensionalen Verteilung in einem Graphen repräsentieren, so wird man die Variablen sicherlich durch Knoten darstellen. Es bleibt damit die Frage, wann zwei Knoten durch eine Kante verbunden werden sollen. Grundsätzlich möchte man natürlich die Unabhängigkeit von zwei Variablen durch das Fehlen einer Kante zwischen den zugehörigen Knoten ausdrücken. Demgemäß wären dann abhängige Variable durch eine Kante zu verbinden. Diese Vorgehensweise führt im allgemeinen auf einen vollständigen Graphen ohne strukturelle Aussagekraft. Anstelle einer marginalen wird daher die *bedingte* Unabhängigkeit durch eine fehlende Kante repräsentiert. Eine vorhandene Kante repräsentiert dann die *mögliche* Abhängigkeit (das Nichtvorhandensein einer bedingten Unabhängigkeit) und eine fehlende Kante die *sichere* bedingte Unabhängigkeit zweier Variabler. Zur Erläuterung noch einmal das eingangs gewählte Beispiel in einer graphischen Darstellung:

Fortsetzung von Beispiel 3.1 Ein Graph, der die bedingte Unabhängigkeit der Zufallsvariablen E und K gegeben N repräsentiert, ist:

$$E \quad N \quad K$$

---

[4]Im Anhang befindet sich eine Sammlung der verwendeten Bezeichnungen.

In dem obigen Beispiel sind die Knotenbezeichnungen gleich den Namen der Zufallsvariablen gewählt worden. Im allgemeinen wird die Beziehung zwischen einem Graphen G und einer gemeinsamen Verteilung P durch eine *bijektive* Abbildung der Knoten auf die Zufallsvariablen erklärt. Ist diese Abbildung gegeben, so kann man untersuchen, inwieweit die Nachbarschaftsrelation (oder eine eventuell vorhandene Ordnungsrelation) auf den Knoten mit der (bedingten) Unabhängigkeitsrelation auf den Variablen verträglich ist.

3.2.2 Ungerichtete Graphen: Markov-Netze

In den weiteren Ausführungen soll das in Bemerkung 3.3 gesteckte Ziel verfolgt werden:

Zu einer Familie von Zufallsvariablen $(X_v)_{v \in V}$, deren gemeinsame Verteilung P in Bezug auf eine Überdeckung $\mathcal{U}$ faktorisierbar ist, soll ein ungerichteter Graph zur Repräsentation der bedingten Unabhängigkeiten erzeugt werden.

Rein intuitiv wird man die Zusammenhänge zwischen den Variablen wahrscheinlich durch den folgenden „Verbal-Algorithmus" in einem Graphen darstellen wollen:

1. Erzeuge einen Graphen mit n Knoten und leerer Kantenmenge.

2. Verbinde die Knoten v und w durch eine ungerichtete Kante, falls es eine Funktion f_U gibt, deren Funktionswerte sowohl von den Realisationen x_v als auch von x_w abhängig sind.

Wie man unmittelbar erkennt, führt diese Vorgehensweise dazu, daß jede Teilmenge $U \in \mathcal{U}$ der Überdeckung vollständig in einer Clique des erzeugten Graphen enthalten ist. Dieser Graph besitzt einige bemerkenswerte Eigenschaften, die in der Literatur als *Markov-Eigenschaften auf Graphen* bezeichnet werden:[5]

---

[5] siehe z.B. Edwards [18], S. 7, Hajek [28], S. 52ff., Lauritzen [49], S. 84, Whittaker [94], S. 70.

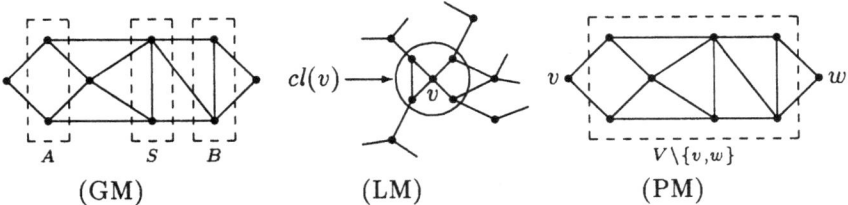

Abb. 3.3: Markov-Eigenschaften auf ungerichteten Graphen

Die gemeinsame Verteilung P der Familie $(X_v)_{v \in V}$

1. besitzt die <u>globale</u> Markov-Eigenschaft in Bezug auf den Graphen $G = (V, E)$, wenn gilt: Ist S eine Knotenmenge, die die Knotenmengen A und B trennt, so gilt:

$$X_A \perp X_B | X_S \qquad \text{(GM)}$$

2. besitzt die <u>lokale</u> Markov-Eigenschaft in Bezug auf G, wenn gilt:

$$X_v \perp X_{\{V \setminus cl(v)\}} | X_{bd(v)}, \; \forall v \in V \qquad \text{(LM)}$$

3. besitzt die <u>paarweise</u> Markov-Eigenschaft in Bezug auf G, wenn für zwei nicht benachbarte Knoten $v, w \in V$ gilt:

$$X_v \perp X_w | X_{V \setminus \{v,w\}}, \; \forall v, w \in V \qquad \text{(PM)}$$

Die Zusammenhänge werden in dem folgenden Satz formalisiert:

Satz 3.2 *Es sei $G = (V, E)$ ein Graph mit der Cliquenmenge $\mathcal{C}$. Weiterhin sei $(X_v)_{v \in V}$ eine Familie von Zufallsvariablen mit gemeinsamer Verteilung P. Besitzt P die globale Markoveigenschaft bzgl. G, so auch die lokale; besitzt P die lokale Markoveigenschaft, so auch die paarweise; kurz:*

$$(GM) \Longrightarrow (LM) \Longrightarrow (PM)$$

Läßt sich die Verteilung P in Bezug auf die Cliquen $C \in \mathcal{C}$ faktorisieren:

$$p(x) = \prod_{C \in \mathcal{C}} f_C(x_C), \qquad \text{(FM)}$$

so besitzt P die globale Markoveigenschaft, kurz:

$$(FM) \Longrightarrow (GM)$$

Beweis: siehe Lauritzen [49], Proposition 4.4, S. 72. ∎

Bemerkung 3.4 Wenn die gemeinsame Verteilung P der Familie $(X_v)_{v \in V}$ *strikt positiv* ist, kann man aus der paarweisen Markoveigenschaft eine Faktorisierung für P ableiten.[6] Es gilt dann: $(PM) \Longrightarrow (FM)$. Insgesamt kann man die obigen Aussagen also durch das folgende Diagramm visualisieren:

$$\begin{array}{ccc} (FM) & \Rightarrow & (GM) \\ {\scriptstyle (+)}\Uparrow & & \Downarrow \\ (PM) & \Leftarrow & (LM) \end{array}$$

Der Satz 3.2 zeigt, daß der aus zwei Schritten bestehende „Verbal-Algorithmus" zu einem Graphen führt, der die eingangs gehegten Erwartungen erfüllt. Alle fehlenden Kanten repräsentieren *sichere* bedingte Unabhängigkeiten, die vorhandenen Kanten stehen für *mögliche* Abhängigkeiten. Ein derartiger Graph wird im weiteren als ein *Unabhängigkeitsgraph* bezeichnet. Noch besser wäre allerdings ein Graph, in dem die vorhandenen Kanten auch *sichere* Abhängigkeiten repräsentieren. Diese Forderung führt auf die Definition eines *Markov-Netzes*:

Definition 3.3 *Es sei $G = (V, E)$ ein ungerichteter Graph und $(X_v)_{v \in V}$ eine Familie von Zufallsvariablen mit gemeinsamer Verteilung P. Dann heißt G ein <u>Unabhängigkeits-Graph</u> für P, wenn gilt:*

$$(v, w) \notin E \Longrightarrow X_v \perp X_w | X_{V \setminus \{v, w\}} \tag{3.9}$$

G heißt ein <u>Markov-Netz</u> für P, wenn sogar die Äquivalenz gilt, d.h.:

$$(v, w) \notin E \Longleftrightarrow X_v \perp X_w | X_{V \setminus \{v, w\}} \tag{3.10}$$

Bemerkung 3.5 Der vollständige Graph ist natürlich ein Unabhängigkeitsgraph zu jeder beliebigen Verteilung P.

Bemerkung 3.6 Das Markov-Netz für eine gegebene Verteilung P ist eindeutig bestimmt. Dies sieht man leicht durch folgende Überlegung: Angenommen es gibt zwei verschiedene Markov-Netze. Dann hat eins der beiden

---
[6] Der Beweis für diese Aussage ist nicht trivial (siehe Lauritzen [49], S. 72f).

irgendwo eine Kante, die in dem anderen Netz nicht enthalten ist. Aufgrund der Äquivalenz muß dann also für die zugehörigen Variablen die bedingte Unabhängigkeit gelten und gleichzeitig nicht gelten. Das kann offensichtlich nicht sein.

Bemerkung 3.7 Zu einer gegebenen Verteilung kann man das Markov-Netz erzeugen, indem man aus dem vollständigen Graphen alle Kanten $v-w$ mit: $X_v \perp X_w | X_{V \setminus \{v,w\}}$ entfernt.

Aufgrund der letzten Bemerkung könnte man also den bereits erzeugten Unabhängigkeitsgraphen näher untersuchen, d.h. für jede Kante sind die zugehörigen bedingten Wahrscheinlichkeiten gemäß (3.10) zu berechnen und auf Gleichheit zu überprüfen. Fällt dieser Test positiv aus, so ist die Kante zu entfernen. Eine hierauf aufbauende verfeinerte Methode wird im folgenden Abschnitt vorgestellt. Hierbei soll den Kanten in sinnvoller Weise eine positive Zahl als Kantengewicht zugeordnet werden. Dieses Kantengewicht wird insbesondere dann den Wert Null annehmen, falls das Knotenpaar bedingt unabhängig ist.

Die Bestimmung der Kantengewichte eines Markov-Netzes

Zur Messung der „Stärke" der Abhängigkeit zweier Zufallsvariabler wird üblicherweise die sog. *wechselseitige Information* herangezogen.[7] Diese ist wie folgt definiert:

Definition 3.4 *Es seien X und Y zwei Zufallsvariable mit gemeinsamer Verteilung P. Weiterhin sei Q eine Verteilung mit der W-Funktion:*

$$q(x,y) := p(x) \cdot p(y), \; \forall x,y$$

Dann heißt $I(X,Y) := R(P,Q)$, wobei R die relative Entropie von P bzgl. Q ist, die <u>wechselseitige</u> Information zwischen X und Y.

Die wechselseitige Information ist ein Maß für den informationstheoretischen Abstand zwischen der gegebenen Verteilung P und der aus den beiden Randverteilungen erzeugten Produktverteilung von X und Y. Sie ist nichtnegativ und genau dann gleich 0, wenn X und Y unabhängig sind.

---

[7]siehe z.B. Topsøe [91] S. 50, Gray [27], S. 43 oder auch Hájek [28], S. 18.

Nun werden in einem Markov-Netz keine marginalen, sondern bedingte Unabhängigkeiten repräsentiert. Aus diesem Grunde ist die wechselseitige Information *nicht* geeignet, das Kantengewicht adäquat zu messen, da dann auch nichtvorhandene Kanten ein positives Gewicht hätten. Als geeignetes Maß zur Bestimmung der Kantengewichte in einem Markov-Netz schlägt Whittaker daher die sogenannte bedingte wechselseitige Information (*information against conditional independence*) vor.[8] Diese ist wie folgt definiert:

Definition 3.5 *Es sei $(X_v)_{v \in V}$ eine Familie von Zufallsvariablen mit gemeinsamer Verteilung P und es seien X_v und X_w zwei fest gewählte Zufallsvariable. Weiterhin sei Q eine Verteilung mit der W-Funktion*

$$q(x) = \frac{p(x_{V \setminus v}) \cdot p(x_{V \setminus w})}{p(x_{V \setminus \{v,w\}})}, \forall x \in \mathcal{X}$$

Dann heißt das Funktional:

$$I(X_v, X_w | X_{V \setminus \{v,w\}}) := R(P, Q)$$

die bedingte wechselseitige Information zwischen X_v und X_w gegeben $X_{V \setminus \{v,w\}}$.

Wie man der Definition unmittelbar entnimmt, ist die bedingte wechselseitige Information nur bei Kenntnis der gemeinsamen Verteilung P berechenbar (im Gegensatz zur „einfachen" wechselseitigen Information, bei der lediglich die Randverteilung über X, Y benötigt wird). Weiterhin sieht man, daß $I(X_v, X_w | X_{V \setminus \{v,w\}})$ gerade den informationstheoretischen Abstand zwischen P und einer aus P erzeugten Verteilung, in der die bedingte Unabhängigkeit von X_v und X_w gilt, mißt. Die bedingte wechselseitige Information ist ebenfalls nichtnegativ und genau dann 0, wenn X_v und X_w bereits in P bedingt unabhängig in Bezug auf $X_{V \setminus \{v,w\}}$ sind. Nichtvorhandene Kanten in einem Markov-Netz haben also bei dieser Bewertung tatsächlich das Kantengewicht 0. Dennoch kann man sich fragen, warum gerade die bedingte wechselseitige Information zur Gewichtung der Kanten in einem Markov-Netz herangezogen werden soll. Prinzipiell gibt es natürlich

---
[8]siehe Whittaker [94], S.105ff.

beliebig viele Funktionale, die den nichtvorhandenen Kanten das Gewicht 0 zuweisen. Eine etwas tiefer gehende Begründung für den Vorschlag von Whittaker wird durch die nachfolgenden Überlegungen gegeben:

Mittels der Definition 3.3 wird jeder n-dimensionalen Wahrscheinlichkeitsverteilung in eindeutiger Weise ein Markov-Netz zugeordnet. Bezeichnet man die Menge aller Verteilungen über $\mathcal{X}$ mit $\Pi(\mathcal{X})$ und die Menge aller Graphen auf der Knotenmenge V mit $\Gamma(V)$, so wird durch (3.10) eine *surjektive* Abbildung $M : \Pi(\mathcal{X}) \to \Gamma(V)$ erklärt.

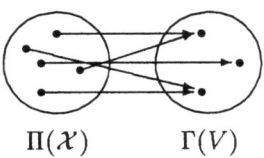

Umgekehrt wird über das Urbild dieser Abbildung jedem Graphen eine Menge von Verteilungen, also ein probabilistisches graphisches Modell zugeordnet. Ist $P \in \Pi(\mathcal{X})$ die gegebene Verteilung und $G = M(P)$ das zugehörige Markov-Netz, so kann man die Menge aller Verteilungen zu G' betrachten, wobei $G' := (V, E \setminus \{(v,w)\})$ ist, in G' also die Kante (v,w) aus G entfernt wurde. Aus der Menge $M^{-1}(G')$ kann man nun eine Verteilung Q auswählen, die möglichst „nahe" bei P liegt. Als Abstandsmaß bietet sich die relative Entropie an. Im Gegensatz zu der Problemstellung aus Abschnitt 2.2 ist hier allerdings das erste Argument der relativen Entropie bekannt (fest) und man minimiert bzgl. des zweiten Argumentes. Dieses Problem wird in dem folgenden Satz betrachtet:

Satz 3.3 *Es sei $(X_v)_{v \in V}$ eine Familie von Zufallsvariablen mit (fester) gemeinsamer Verteilung P. Dann ist die W-Funktion q^* der eindeutigen Lösung von*

$$\sum_{x \in \mathcal{X}} p(x) \log \frac{p(x)}{q(x)} \to \min!$$

s.t.

$$\begin{array}{rcl} q(x_v | x_w, x_{V \setminus \{v,w\}}) & = & q(x_v | x_{V \setminus \{v,w\}}), \forall x_v, x_w, x_{V \setminus \{v,w\}} \\ \sum_{x \in \mathcal{X}} q(x) & = & 1 \\ q(x) & \geq & 0, \forall x \end{array}$$

gegeben durch:

$$q^*(x) = \frac{p(x_{V \setminus \{v\}}) \cdot p(x_{V \setminus \{w\}})}{p(x_{V \setminus \{v,w\}})}$$

x_1 x_2 x_3	$p(x_1,x_2,x_3)$	x_1 x_2	$p(x_1,x_2)$	x_1 x_3	$p(x_1,x_3)$	x_1 x_2 x_3	$q^*(x_1,x_2,x_3)$
0 0 0	0.02	0 0	0.06	0 0	0.12	0 0 0	0.024
0 0 1	0.04	0 1	0.24	0 1	0.18	0 0 1	0.036
0 1 0	0.10	1 0	0.63	1 0	0.56	0 1 0	0.096
0 1 1	0.14	1 1	0.07	1 1	0.14	0 1 1	0.144
1 0 0	0.54					1 0 0	0.504
1 0 1	0.09					1 0 1	0.126
1 1 0	0.02					1 1 0	0.056
1 1 1	0.05					1 1 1	0.014
$R(P,Q^*) \approx 0.0732$							

Abb. 3.4: Bedingte wechselseitige Information von X_2 und X_3 gegeben X_1

Beweis: siehe Whittaker [94], Proposition 4.4.4, S.104 ∎

Das folgende Beispiel soll den obigen Satz noch einmal verdeutlichen:

Beispiel 3.2 In Tabelle 3.4 sind einige ausgewählte Randverteilungen der gemeinsamen Verteilung P der Familie $(X_i)_{i \in \{1,2,3\}}$ aufgelistet. Angenommen, die erste Spalte ist unbekannt; bekannt sind lediglich die Spalten 2 und 3. Prinzipiell gibt es dann unendlich viele gemeinsame Verteilungen der $(X_i)_{i \in \{1,2,3\}}$, aus denen diese Randverteilungen hätten hervorgehen können. Ein sinnvoller Weg wäre nun, die bedingte Unabhängigkeit $X_2 \perp X_3 | X_1$ zu unterstellen und eine Verteilung Q^* gemäß:

$$q^*(x_1, x_2, x_3) := p(x_2|x_1) \cdot p(x_3|x_1) \cdot p(x_1) \; \forall (x_1, x_2, x_3) \in \{0,1\}^3$$

zu erzeugen. In Satz 3.3 wird gezeigt, daß q^* auch die eindeutige Lösung von:

$$\sum_x p(x) \log \frac{p(x)}{q(x)} \to \min!$$

s.t.

$$\begin{aligned} q(x_3|x_1, x_2) &= q(x_3|x_2), \; \forall (x_1, x_2, x_3) \in \{0,1\}^3 \\ \sum_x q(x) &= 1 \\ q(x) &\geq 0, \; \forall x \in \{0,1\}^3 \end{aligned}$$

ist. Die bedingte wechselseitige Information mißt den informationstheoretischen Abstand zwischen Q^* und der tatsächlichen Verteilung P in Spalte 1.

Bei der Definition der bedingten wechselseitigen Information wird über alle Realisationen der Familie $(X_v)_{v \in V}$ summiert. Eine direkte Berechnung ist damit für größere Mengen V praktisch nicht durchführbar, es sei denn, man kennt einen Unabhängigkeitsgraphen für P. In diesem Falle läßt sich sich die Anzahl der Summanden erheblich verringern, wie mit dem folgenden Satz gezeigt wird:[9]

Satz 3.4 *Es sei P eine gemeinsame Verteilung der Familie $(X_v)_{v \in V}$ und (V, E) ein Unabhängigkeitsgraph für P. Dann gilt:*

$$I(X_v, X_w | X_{bd(\{v,w\})}) = I(X_v, X_w | X_{V \setminus \{v,w\}})$$

Beweis: In diesem Beweis sei $S := V \setminus \{v, w\}$. Dann gilt:

$$I(X_v, X_w | X_{V \setminus \{v,w\}}) = \sum_x p(x) \log \frac{p(x)}{p(x_{V \setminus \{v\}}) \cdot p(x_{V \setminus \{w\}})/p(x_S)}$$

$$= \sum_x p(x) \log \left(\frac{p(x) \cdot p(x_S)}{p(x_{V \setminus \{v\}}) \cdot p(x_{V \setminus \{w\}})} \cdot \frac{p(x_S)}{p(x_S)} \right)$$

$$= \sum_x p(x_v, x_w | x_S) \cdot p(x_S) \log \left(\frac{p(x)}{p(x_S)} \cdot \frac{p(x_S)}{p(x_{V \setminus \{v\}})} \cdot \frac{p(x_S)}{p(x_{V \setminus \{w\}})} \right)$$

$$= \sum_{x_S} p(x_S) \sum_{x_{\{v,w\}}} p(x_v, x_w | x_S) \log \left(\frac{p(x_v, x_w | x_S)}{p(x_v | x_S) \cdot p(x_w | x_S)} \right)$$

Da U ein Unabhängigkeitsgraph für P ist, gilt wegen Satz 3.2:

---
[9]siehe auch Whittaker [94], S. 110.

1. $p(x_v, x_w | x_S) = p(x_v, x_w | x_{bd(v,w)})$

2. $p(x_v | x_S) = p(x_v | x_{bd(v,w)})$

3. $p(x_w | x_S) = p(x_w | x_{bd(v,w)})$

Die letzte Zeile läßt sich also wie folgt vereinfachen:

$$\ldots = \sum_{x_S} p(x_S) \sum_{x_{\{v,w\}}} p(x_v, x_w | x_{bd(v,w)}) \log \left(\frac{p(x_v, x_w | x_{bd(v,w)})}{p(x_v | x_{bd(v,w)}) p(x_w | x_{bd(v,w)})} \right)$$

$$= \sum_{x_{cl(v,w)}} p(x_{cl(v,w)}) \log \left(\frac{\frac{p(x_{cl(v,w)})}{p(x_{bd(v,w)})}}{\left(\frac{p(x_{cl(v,w)\setminus\{w\}})}{p(x_{bd(v,w)})}\right) \left(\frac{p(x_{cl(v,w)\setminus\{v\}})}{p(x_{bd(v,w)})}\right)} \right)$$

$$= \sum_{x_{cl(v,w)}} p(x_{cl(v,w)}) \log \left(\frac{p(x_{cl(v,w)})}{p(x_{cl(v,w)\setminus\{v\}}) \cdot p(x_{cl(v,w)\setminus\{w\}}) / p(x_{bd(v,w)})} \right)$$

Das aber ist gerade die wechselseitige Information $I(X_v, X_w | X_{cl(v,w)})$ in Bezug auf den Rand von X_v, X_w. ∎

Mit Hilfe des letzten Satzes ist das eingangs gestellte Problem nun lösbar: Zu einer beliebigen Faktorisierung von P kann man das zugehörige Markov-Netz in zwei Schritten konstruieren:

1. Konstruktion des Unabhängigkeitsgraphen U wie im vorhergehenden Abschnitt beschrieben.

2. Für jede Kante wird die wechselseitige bedingte Information gemäß Satz 3.4 berechnet. Ist diese gleich 0 für eine Kante, so wird die Kante aus U entfernt.

Das Ergebnis dieser Prozedur ist dann das zu einer Faktorisierung gehörige Markov-Netz. Durch das Kantengewicht wird gleichzeitig eine Vorstellung von der „Stärke der Abhängigkeiten" vermittelt, die z.B. durch verschiedene Kantenbreiten graphisch visualisiert werden kann.

3.2.3 Gerichtete Graphen: Bayes-Netze

Mit den in Abschnitt 3.2.2 behandelten Markov-Netzen läßt sich graphisch die *bedingte Unabhängigkeit* zweier Variabler bezüglich einer dritten repräsentieren. Diese bedeutet, daß die beiden Variablen bei Kenntnis des Wertes der dritten unabhängig sind. In der Praxis tritt oftmals auch der umgekehrte Fall auf. Zwei Variable sind unabhängig in der gemeinsamen Verteilung, aber abhängig in der bedingten Verteilung. Dieses Verhalten wird als *bedingte Abhängigkeit* bezeichnet.

Eine derartige Abhängigkeitsbeziehung läßt sich nicht in einem Markov-Netz darstellen. Auch hierzu zunächst ein kurzes Beispiel:

Fortsetzung von Beispiel 3.1 In dem Beispiel 3.1 wurde eine Versicherungsgesellschaft betrachtet, deren Erlöse E und Kosten K bei bekanntem Neugeschäft N als unabhängig angesehen werden können. Dieses „Modell" soll nun durch die Einführung des Gewinns G erweitert werden. Unter der Annahme, daß der Gewinn deterministisch von den Erlösen und Kosten über die Gleichung $G = E - K$ abhängig ist, besitzt die Zufallsvariable G drei Werte, und zwar $\{-1, 0, 1\}$. Kennt man die Werte von K und E, so ist der Wert von G unabhängig vom Neugeschäft N. Mit der in Definition 3.1 vereinbarten Schreibweise gilt also: $G \perp N | \{E, K\}$. Andererseits ist bei bekannter Höhe des Gewinns der Erlös von den Kosten abhängig. Es ist also möglich, aus der Höhe des Gewinns und der Kosten auf die Höhe der Erlöse zu schließen. Es gilt somit nicht $E \perp K | \{G, N\}$, aber wohl $E \perp K | N$.

In dem zugehörigen Markov-Netz (siehe auch Abb. 3.5, links) läßt sich die bedingte Unabhängigkeit $E \perp K | N$ des obigen Modells nicht repräsentieren, da hierzu $E \perp K | \{G, N\}$ notwendig wäre (vgl. Definition 3.3).

Das obige Beispiel beschreibt einen Sachverhalt, der eine sinnvolle (hier: zeitliche) Indizierung der Variablen erlaubt. So wird zunächst produziert, die Erlöse und Kosten können als Folge der Produktion und der Gewinn (Verlust) als abschließendes Resultat von Erlös und Kosten angesehen werden.

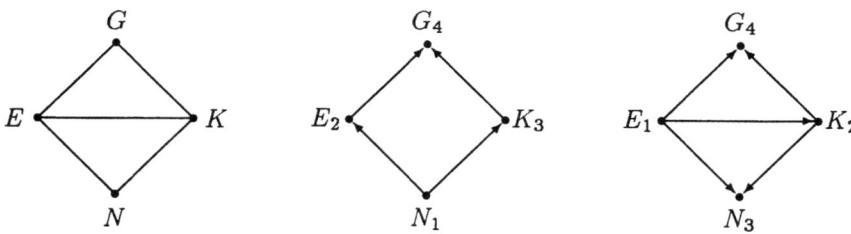

Abb. 3.5: Graphische Repräsentation von $G \perp N | \{E, K\}$ und $E \perp K | N$

Diese Reihenfolge wird bei der Repräsentation von bedingten Unabhängigkeiten mittels gerichteter Graphen ausgenutzt. Während im ungerichteten Markov-Netz eine fehlende Kante die bedingte Unabhängigkeit zweier Variabler bezogen auf die *gesamte Restmenge* repräsentiert, wird bei einer gerichteten Repräsentation die Numerierung dergestalt ausgenutzt, daß ein fehlender Pfeil eine bedingte Unabhängigkeit bezogen auf die im Sinne der Numerierung *vorherigen* Variablen repräsentiert. Sind nur Pfeile in Richtung der Knoten mit einem höheren Index erlaubt, d.h.:

$$i < j \iff v_i \in an(v_j), \forall i,j \in \{1,\ldots,n\}, \quad (3.11)$$

so entsteht ein *azyklischer gerichteter Graph*. Ein derartiger Graph wird dann auch als das zu einer gemeinsamen Verteilung gehörige *Bayes-Netz* bezeichnet. Eine exakte Definition lautet wie folgt:

Definition 3.6 *Es sei $G = (V, E)$ ein gerichteter azyklischer Graph, dessen Knoten gemäß (3.11) vollständig geordnet sind und es sei P eine gemeinsame Verteilung der Familie $(X_v)_{v \in V}$.*
Dann heißt G ein gerichteter Unabhängigkeitsgraph *für P, wenn gilt:*

$$(v,w) \notin E \implies X_v \perp X_w | X_{an(\{v,w\})}$$

G heißt ein Bayes-Netz *für P, wenn sogar die Äquivalenz gilt:*

$$(v,w) \notin E \iff X_v \perp X_w | X_{an(\{v,w\})} \quad (3.12)$$

Bemerkung 3.8 Jeder der $n!$ vollständigen gerichteten azyklischen Graphen ist ein gerichteter Unabhängigkeitsgraph zu jeder Verteilung P über n Variablen.

Bemerkung 3.9 Das Bayes-Netz ist für eine gegebene gemeinsame Verteilung der vollständig geordneten Menge $(X_1, \ldots, X_n)$ eindeutig bestimmt. Dies sieht man durch eine zu Bemerkung 3.6 analoge Überlegung.

Bemerkung 3.10 Zu einer gegebenen Verteilung kann man das Bayes-Netz erzeugen, indem man aus einem vollständigen azyklischen Graphen alle Pfeile $v \to w$ mit: $X_v \perp X_w | X_{an(\{v,w\})}$ entfernt.

Bei der vorherigen Indizierung muß man etwas „Sachverstand" zeigen. In dem folgenden Beispiel wird gezeigt, welche Folgen eine ungünstige Indizierung der Variablen haben kann:

Fortsetzung von Beispiel 3.1 Angenommen, die Variablen sind gemäß der Indizierung N_1, E_2, K_3, G_4 geordnet. Dann kann man aus dem vollständigen gerichteten Graphen wegen $E \perp K | N$ den Pfeil $E_2 \to K_3$ und wegen $G \perp N | \{E, K\}$ den Pfeil $N_1 \to G_4$ entfernen. Als Ergebnis erhält man das in der Mitte von Abb. 3.5 dargestellte Bayes-Netz. Das Netz ist nur bei der gegebenen Numerierung eindeutig. Ist diese „ungünstig" gewählt, so kann dies dazu führen, daß einige bedingte Unabhängigkeiten nicht mehr graphisch repräsentiert werden. So ergibt sich beispielsweise für die Indizierung: E_1, K_2, N_3, G_4 das auf der rechten Seite von Abb. 3.5 dargestellte Netz. In diesem Netz ist die bedingte Unabhängigkeit $E \perp K | N$ nicht mehr zu erkennen.

Die in dem obigen Beispiel angedeutete Problematik hinsichtlich der vorgebenen Ordnung soll genauer betrachtet werden:

Die stochastische Abhängigkeit zweier Zufallsvariabler ist grundsätzlich ungerichtet, d.h. für eine zweidimensionale Verteilung mit abhängigen Variablen X und Y sind sowohl $X \to Y$ als auch $X \leftarrow Y$ zwei gleichwertige gerichtete Repräsentationen. Zu einem eindeutigen Bayes-Netz gelangt man *nur* durch die Einführung einer *vollständigen* Ordnung, die *entweder* auf den Knoten *oder* auf den Variablen erklärt werden kann. Je nachdem, welche Menge man als primär gegeben betrachtet, ergeben sich zwei sehr unterschiedliche Problemstellungen:

1. Einerseits kann man den gerichteten azyklischen Graphen und damit die Knoten als primär gegeben ansehen. Die Knoten des Graphen

können immer *nachträglich* gemäß (3.11) geordnet werden. Dann kann man eine Verteilung P erzeugen, die zu dem Graphen paßt, d.h. der Graph sollte ein gerichteter Unabhängigkeitsgraph im Sinne der Definition 3.6 für die Verteilung P sein.

2. Andererseits kann man die Verteilung als primär gegeben betrachten und auf den Variablen eine vollständige Ordnung (im obigen Beispiel über die Indizierung) definieren. Danach kann man einen azyklischen Graphen erzeugen, der zu der Verteilung paßt, d.h. der Graph sollte als Bayes-Netz für P zu interpretieren sein.

Die an zweiter Stelle genannte Problemstellung führt auf die Suche nach sogenannten *kausalen Netzen*, ist aber im Rahmen dieser Arbeit nicht relevant. Sie dient nur zur Abgrenzung von dem ersten Problem, dessen Lösung eine erhebliche Bedeutung für die neueren Expertensysteme hat. Diese Systeme werden in absehbarer Zeit sicherlich auch im betriebswirtschaftlichem Umfeld eine Rolle spielen.[10] Im verbleibenden Teil dieses Abschnittes soll daher deren Arbeitsweise in knapper Form erläutert werden.

Gerichtete Graphen und probabilistische Expertensysteme

Die theoretische Grundlage eines auf einem azyklischen Graphen basierendem Expertensystems liefert der folgende Satz:

Satz 3.5 *Es sei $G = (V, E)$ ein gerichteter azyklischer Graph und P eine gemeinsame Verteilung der Familie $(X_v)_{v \in V}$. Dann gilt: G ist genau dann ein gerichteter Unabhängigkeitsgraph für P, wenn P eine Faktorisierung gemäß:*

$$p(x) = \prod_{v \in V} p(x_v | x_{pa(v)}) \qquad (3.13)$$

besitzt.

Beweis: siehe Lauritzen [49], Theorem 4.28, S.88 ■

Dieser Satz hat zwei wesentliche Konsequenzen zur Folge:

---
[10] siehe hierzu auch Willems [96].

g	e	k	$p(g\|e,k)$
0	0	0	0.3
0	0	1	0.8
0	1	0	0.0
0	1	1	0.3
1	0	0	0.5
1	0	1	0.1
1	1	0	1.0
1	1	1	0.5

e	n	$p(e\|n)$
1	0	0.2
1	1	0.9

k	n	$p(k\|n)$
1	0	0.4
1	1	0.8

n	$p(n)$
1	0.7

Abb. 3.6: Von einem „Experten" geschätzte Wahrscheinlichkeiten

1. Es ist möglich, sehr hochdimensionale Verteilungen in konsistenter Weise mit gut interpretierbaren Faktoren (bedingte Wahrscheinlichkeiten) zu spezifizieren.

2. Gleichzeitig hat man eine graphische Übersicht, mit der die Abhängigkeitsverhältnisse zwischen den Variablen in Einklang mit den intuitiven Vorstellungen repräsentiert werden können.

Beide Gründe haben dazu geführt, daß azyklische gerichtete Graphen sowohl zur Spezifikation als auch zur Repräsentation der Wissensbasis von probabilistischen Expertensystemen verwendet werden. Dabei wird während der sogenannten Wissensakquisitionsphase zunächst ein gerichteter azyklischer Graph konstruiert, der durch eine Vielzahl von Tabellen mit bedingten Wahrscheinlichkeiten ergänzt wird. Hieraus läßt sich dann durch einfache Multiplikationen die W-Funktion der gemeinsamen Verteilung erzeugen. Zur Erläuterung – und auch um die Stärken und Schwächen dieser Methode besser herauszuarbeiten – wird hier noch einmal das eingangs gegebene Beispiel aufgegriffen:

Fortsetzung von Beispiel 3.1 Es sei angenommen, daß der in Abb. 3.6 dargestellte Graph von einem Experten vorgegeben wurde. Aufgrund des vorgegebenen Graphen schätzt der Experte nun die bedingte Wahrscheinlichkeit für

g	e	k	n	p(g,e,k,n)	g	e	k	n	p(g,e,k,n)	g	e	k	n	p(g,e,k,n)
−1	0	0	0	0.0288	0	0	0	0	0.0432	1	0	0	0	0.0720
−1	0	0	1	0.0028	0	0	0	1	0.0042	1	0	0	1	0.0070
−1	0	1	0	0.0096	0	0	1	0	0.0768	1	0	1	0	0.0096
−1	0	1	1	0.0056	0	0	1	1	0.0448	1	0	1	1	0.0056
−1	1	0	0	0.0000	0	1	0	0	0.0000	1	1	0	0	0.0360
−1	1	0	1	0.0000	0	1	0	1	0.0000	1	1	0	1	0.1260
−1	1	1	0	0.0048	0	1	1	0	0.0072	1	1	1	0	0.0120
−1	1	1	1	0.1008	0	1	1	1	0.1512	1	1	1	1	0.2520

Tabelle 3.1: W-Funktion einer gemeinsamen Verteilung der Familie (G, E, K, N)

jeden Wert von jeder Variable (Knoten) unter der Bedingung aller Werte der direkten Vorgänger. Das Ergebnis dieser Schätzung sei in den Tabellen in Abb. 3.6 festgehalten. Hieraus läßt sich nun durch Multiplikation der entsprechenden bedingten Wahrscheinlichkeiten die gemeinsame Verteilung konstruieren (siehe Tabelle 3.1). Für die zugehörige W-Funktion gilt dann:

$$p(g,e,k,n) = p(n) \cdot p(k|n) \cdot p(e|n) \cdot p(g|ek), \ \forall (g,e,k,n) \in \{-1,0,1\} \times \{0,1\}^3$$

Aus der Tabelle 3.1 kann man auch die folgende Faktorisierung für P ableiten:

$$p(g,e,k,n) = p(e) \cdot p(k|e) \cdot p(n|ek) \cdot p(g|ek)$$

Der zugehörige Unabhängigkeitsgraph für P ist in Abb. 3.5 (rechts) dargestellt. Der Satz 3.5 stellt sicher, daß beide Graphen tatsächlich gerichtete Unabhängigkeitsgraphen für P sind.

Durch das obige Beispiel ist die Bedeutung der azyklischen Graphen sowohl für Akquisitions- als auch für Repräsentationszwecke einer gemeinsamen Verteilung deutlich *sichtbar* geworden. Der Graph repräsentiert genau die Abhängigkeiten, die auch in den Modellannahmen zum Ausdruck kommen. Andererseits besitzt diese Form der Wissensakquisition auch erhebliche Schwächen, die im folgenden kurz aufgeführt werden sollen:

1. Es ist eine nicht unbeträchtliche Anzahl von bedingten Wahrscheinlichkeiten anzugeben. Diese müssen wenigstens näherungsweise bekannt sein, damit man den Prognosen des Expertensystems vertrauen kann.

2. Es ist nicht möglich, Informationen über Gruppen von Variablen anzugeben, die im Graphen nicht direkt verbunden sind. Ein Ausweg bietet zwar die Einführung von zusätzlichen Pfeilen — hierdurch werden aber zusätzliche, vielleicht unerwünschte Abhängigkeiten erzeugt. Außerdem müssen diese dann vollständig quantifiziert werden (siehe Punkt 1).

3. Zyklische Abhängigkeiten können in einen azyklischen Graphen naturgemäß nicht modelliert werden.

Aufgrund der bisherigen Ausführungen sollte eine Einschätzung der Bedeutung von gerichteten Graphen für probabilistische Expertensysteme möglich sein. Es lassen sich noch wesentlich weitergehende Betrachtungen anstellen, die aber im Rahmen dieser Arbeit nicht notwendig sind.[11] Es sollte hier lediglich aufgezeigt werden, daß gerichtete und ungerichtete Graphen eine in Zukunft sicherlich wachsende Bedeutung bei der Modellierung und Interpretation von hochdimensionalen Wahrscheinlichkeitsverteilungen besitzen werden.

3.3 Historische und bibliographische Anmerkungen

Eine erste allgemeine Charakterisierung der bedingten Unabhängigkeit unternimmt 1979 der englische Statistiker A.P. Dawid [17]. Von ihm stammt auch die Notation „$X \perp Y | Z$". Zehn Jahre später versucht Pearl [68] eine Axiomatisierung der bedingten Unabhängigkeit. Ein wesentliches Ziel seiner Bemühungen bestand darin, aus einer vorgegebenen Menge von Unabhängigkeitstripeln *ohne* Kenntnis der zugehörigen Verteilung alle impli-

---

[11]siehe z.B. Jensen [34] oder auch Neapolitan [63].

zierten bedingten Unabhängigkeiten vollständig abzuleiten. Anstelle einer direkten Überprüfung der Verteilung (im endlichen Fall entspricht dies dem Vergleich aller Funktionswerte zweier W-Funktionen) sollten die „fehlenden Tripel" aus wenigen Axiomen abgeleitet werden. Der Versuch ist fehlgeschlagen; 1990 zeigt Studeny [88], daß dies nicht durch eine endliche Anzahl von Axiomen möglich ist.

Die Idee, eine gemeinsame Verteilung durch einen Graphen zu repräsentieren, kommt (natürlich!?) aus der Vererbungslehre. Die ersten „Pfadanalysen" sind bereits 1921 von dem Genetiker Wright [97] vorgenommen worden. Gerichtete Graphen haben auf dem Gebiet der Stammbaumforschung (*pedigree analysis*) und Erbanalyse eine lange Tradition. Hier sind insbesondere die Arbeiten von Cannings et.al. [11] (1976) zu nennen, in denen wesentliche Teile des bereits in der Einleitung erwähnten Artikels von Lauritzen & Spiegelhalter [50] (1988) vorweggenommen wurden. Der letztgenannten Arbeit verdanken die Bayes-Netze ihre wesentliche Bedeutung auf dem Gebiet der probabilistischen Expertensysteme.

Ungerichtete Graphen werden seit Beginn der 80er Jahre vermehrt in der multivariaten Statistik bei der Analyse von Kontingenztafeln eingesetzt. Dennoch kann man bis heute noch nicht von einem breiten Bekanntheitsgrad sprechen. Auch der von Pearl vorgeschlagene Einsatz zur Wissensrepräsentation in Expertensystemen findet derzeit nur im universitären Umfeld statt.[12]

Die Repräsentation einer gemeinsamen Verteilung mit gerichteten Graphen führte zu einer Renaissance der Expertensysteme, die bis heute anhält. Obwohl der endgültige Durchbruch sicher noch bevorsteht, sind bereits heute zahlreiche Anwendungen, insbesondere im medizinisch - soziologischen Bereich, zu verzeichnen. Im betriebswirtschaftlichen Umfeld sind einige potentielle Anwendungen auf dem Gebiet der entscheidungsunterstützenden Systeme abzusehen. Auf diese Anwendungen wird in Kapitel 6 noch näher eingegangen.

---

[12] siehe auch Pearl [68], S. 104.

Kapitel 4

Probabilistische Konditionallogik

Motivation: In Kapitel 3 wurden graphische Modelle zur Repräsentation und Verarbeitung von unsicherem Wissen vorgestellt. Diese Modelle werden aufgrund ihrer intuitiven Einsichtigkeit und Überschaubarkeit bereits in einigen kommerziell und diversen frei verfügbaren wissensbasierten Systemen eingesetzt.[1] In diesem Kapitel wird nun ein alternativer Ansatz zur Repräsentation von Wissen vorgestellt. Dieser Ansatz soll es ermöglichen, die Vorteile der graphischen Modelle einzubinden, ohne die bereits erwähnten Schwächen in Kauf zu nehmen. Die Grundlage der Wissensakquisition wird allerdings nicht aus der Graphentheorie, sondern aus der Logik und der Informationstheorie abgeleitet. Das wesentliche Grundelement bilden die sogenannten *probabilistischen Regeln und Fakten*.

4.1 Probabilistische Regeln und Fakten

Im folgenden soll der Begriff einer unsicheren Regel zunächst aus einer intuitiven Sicht motiviert werden. Im Anschluß daran erfolgt dann eine formale

---

[1] Eine relativ aktuelle Übersicht findet sich in Willems [96].

Definition der Syntax und Semantik von probabilistischen Regeln und Fakten.

4.1.1 Informelle Einführung einer probabilistischen Regel

Im allgemeinen Sprachgebrauch versteht man unter einer Regel eine zusammengesetzte Aussage der Form:

Wenn A gilt, dann gilt auch B

wobei A (die Prämisse) und B (die Konklusion) zwei Aussagen sind, denen in sinnvoller Weise ein Wahrheitswert zugeordnet werden kann. Die Bedeutung dieser Regel ist sicherlich ohne nähere Erklärung allgemein verständlich. Im Rahmen der klassischen Aussagenlogik ist es möglich, derartige Regeln formal zu definieren und Schlußfolgerungen abzuleiten. So kann beispielsweise für die umgangsprachliche Regel:

Wenn die Nachfrage steigt, dann steigt auch das Angebot

in der Aussagenlogik eine einfache Schlußfolgerung wie folgt abgeleitet werden: Man definiert zwei Aussagevariable A und B, deren semantische Bedeutung den obigen Teilaussagen entpricht. Diese Variablen können genau die zwei Werte $(0,1) \stackrel{\wedge}{=} (falsch, wahr)$ annehmen und werden über die Subjunktion „$\rightarrow$" zu der neuen Aussage $A \rightarrow B$ verbunden. Ist nun bekannt, daß die Aussage A wahr ist, so läßt sich über den *Modus Ponens* der Wahrheitswert von B formal ableiten:

	A	B	$A \rightarrow B$	
A : *Die Nachfrage steigt*	0	0	1	A $(=1)$
B : *Das Angebot steigt*	0	1	1	$(A \rightarrow B)$ $(=1)$
	1	0	0	B $(=1)$
	1	1	1	

Dieses Beispiel macht auch deutlich, wo die Schwächen der Aussagenlogik liegen. In der Realität ist der Wahrheitswert vieler Aussagen nicht mit Sicherheit bekannt, sondern unsicher. So mag die Nachfrage lediglich mit einer

Sicherheit (Wahrscheinlichkeit) von beispielsweise 0.8 steigen. Es stellt sich dann die Frage, welche Wahrscheinlichkeit einer Steigerung des Angebotes zuzuordnen ist. Zur Lösung dieses Problems ist von Nilsson [65] die sog. *probabilistische Logik (PL)* eingeführt worden. In dieser kann den Aussagen anstelle der diskreten Wahrheitswerte 0 und 1 eine Zahl aus dem Intervall [0, 1] zugewiesen werden. Diese Zahl wird als Wahrscheinlichkeit für die Wahrheit einer Aussage interpretiert. Der Grundraum, auf dem diese Wahrscheinlichkeiten definiert sind, ist[2] „*die Menge aller möglichen Welten*" oder hier etwas weniger prosaisch: die Menge aller möglichen Kombinationen der Wahrheitswerte für A und B. Bezogen auf das kleine Beispiel ergeben sich 4 mögliche Welten. In zwei dieser Welten steigt die Nachfrage (und zwar mit einer Wahrscheinlichkeit von 0.8) und in drei Welten (siehe obige Wahrheitswertetafel) ist die Regel $A \rightarrow B$ mit Wahrscheinlichkeit 1 wahr. Mit diesen Informationen kann ein Intervall für die Wahrscheinlichkeit der Wahrheit einer Angebotssteigerung abgeleitet werden:

A	B	P
0	0	p_1
0	1	p_2
1	0	p_3
1	1	p_4

$$
\begin{aligned}
P(A) &= p_3 + p_4 &= 0.8 \\
P(A \rightarrow B) &= p_1 + p_2 + p_4 &= 1 \\
\hline
P(B) &= p_2 + p_4 &\in [0.8, 1]
\end{aligned}
$$

Die Zuordnung von Wahrscheinlichkeiten an die möglichen Welten bedeutet im Prinzip eine neue Interpretation des Begriffs einer Aussagevariablen. Die ursprünglich deterministischen Wahrheitswerte werden zu stochastischen Größen, d.h. die Aussagevariablen werden in der *PL* zu *binären Zufallsvariablen*. Leider ist diese Verallgemeinerung noch unzureichend. Dies zeigt sich insbesondere dann, wenn man auch den Regeln eine Wahrscheinlichkeit zuweisen will. Die Teilaussagen einer Regel werden in der probabilistischen Logik durch die Subjunktion zu einer neuen Aussage miteinander verbunden. Die zugeordnete Wahrscheinlichkeit bewertet somit die Wahrheit der Regel an sich und *nicht* die Wahrheit der Konklusion, gegeben die Prämisse. Nun wird aber bei der Formulierung einer Regel intuitiv die Gültigkeit

---

[2] *Zitat:* Nilsson [22], S. 190.

der Prämisse unterstellt.[3] Ist diese unwahr, so soll über die Gültigkeit der Konklusion in der Regel[4] keine Aussage gemacht werden. Diese Diskrepanz zwischen der intuitiven und der logischen Semantik einer Regel kann durch die Einführung des aus der Wahrscheinlichkeitstheorie bekannten Konditionals „|" behoben werden. Die so erweiterte Logik wird von Rödder & Kern-Isberner [74] auch als *probabilistische Konditionallogik (PCL)* bezeichnet. In ihr ist es möglich, den Regeln in Übereinstimmung mit der Intuition eine Wahrscheinlichkeit zuzuordnen. Bezogen auf das kleine Beispiel könnte man unter der Annahme, daß das Angebot bei einer Nachfrageerhöhung vielleicht nur sehr selten steigt, in der *PCL* die folgende Regel formulieren:

Wenn die Nachfrage steigt, dann steigt auch das Angebot (0.1)

Eine derartige Regel führt bei Verwendung der Subjunktion zu einem Widerspruch, in der *PCL* ergibt sich hingegen das Intervall [0.08,0.28], das auch recht gut die intuitive Erwartung an eine Steigerung des Angebotes widerspiegelt.

A	B	$B\|A$
0	0	?
0	1	?
1	0	0
1	1	1

$P(A) = 0.8$
$P(A \to B) = 0.1$
$P(B)$ nicht def.

$P(A) = p_3 + p_4 = 0.8$
$P(B|A) = p_4/(p_3 + p_4) = 0.1$
$P(B) \in [0.08, 0.28]$

Eine letzte Verallgemeinerung betrifft die effiziente Formulierung der Aussagen. So ist die logische Negation von A lediglich: „*Die Nachfrage steigt nicht*". Tatsächlich kann es natürlich mehr sinnvolle Zustände wie z.B. (*steigt, bleibt konstant, fällt*) geben. Diese können im Prinzip durch drei sich ausschließende Aussagen A_1, A_2, A_3 in der *PCL* formuliert werden. Es ist aber wesentlich eleganter (weniger redundant), den Wertebereich von A auf drei Zustände zu erweitern. Hierdurch wird die einfache Aussagenlogik um sogenannte einstellige *Prädikate* ergänzt. Anstelle der einfachen

---
[3] vgl. hierzu auch Reidmacher [71], S. 101ff.
[4] Die Doppeldeutigkeit ist beabsichtigt — beide Bedeutungen sind gemeint.

$<Regel>\ ::=\ <Formel>\ \leadsto\ <Formel>\ [(\bar{p})]$
$<Fakt>\ ::=\ <Formel>\ [(\bar{p})]$
$<Formel>\ ::=\ [\neg]\ <Literal>\ \mid\ (\ <Formel>\ <Junktion>\ <Formel>)$
$<Junktion>\ ::=\ \wedge\ \mid\ \vee$
$<Literal>\ ::=\ L_1\ \mid\ L_2\ \mid\ \ldots\ \mid\ L_N$

Abb. 4.1: Syntax von probabilistischen Fakten und Regeln in BNF

Aussageform „*Die Nachfrage steigt*" hat man nun eine prädikative Aussageform „*Nachfrage = steigt*". Diese ist genau dann wahr, wenn die Variable *Nachfrage* mit dem Wert *steigt* belegt wird. Diese Idee führt schließlich zu der probabilistischen Regel:

Wenn Nachfrage = steigt, dann Angebot=steigt (0.1)

wobei *Nachfrage* und *Angebot* nun zwei 3-wertige Zufallsvariable sind. Derartige Regeln sind Gegenstand der weiteren Untersuchungen.

4.1.2 Syntax und Semantik von probabilistischen Regeln

In diesem Abschnitt soll der bereits informell eingeführte Begriff einer probabilistischen Regel durch Angabe ihrer *Syntax* und *Semantik* formalisiert werden. Es seien $(X_i)_{i \in \{1,\ldots n\}}$ endlichwertige Zufallsvariablen mit Werten in $(\mathcal{X}_i)_{i \in \{1,\ldots,n\}}$. Dann läßt sich das Kreuzprodukt aller Wertebereiche erzeugen, also:

$$\mathcal{X} = \mathcal{X}_1 \times \mathcal{X}_2 \times \ldots \times \mathcal{X}_n$$

Die Menge $\mathcal{X}$ enthält alle denkbaren Zustände, die durch die Werte von $X_1,\ldots,X_n$ repräsentiert werden können. Sie wird daher auch als *Zustandsraum* bezeichnet. Die Elemente von $\mathcal{X}$ sind diskrete n-Tupel x und werden als *Konfigurationen* bezeichnet.[5]

---

[5] Die offensichtliche Wiederholung der Bezeichnungen aus Kapitel 3 ist beabsichtigt, da zu einem späteren Zeitpunkt eine Verbindung der *PCL* mit den graphischen Modellen hergestellt werden soll.

Syntax: Es sei nun L die Menge aller Zeichenketten der Form „X_i = x_i",
wobei „X_i" der Bezeichner einer Zufallsvariablen und „x_i" der Bezeichner eines festen Wertes ist. Die Menge L enthält bei n Zufallsvariablen mit
jeweils m_i Werten insgesamt $N := |L| = \sum_{i=1}^{n} m_i$ Elemente. Die Elemente
von L werden als *Literale* bezeichnet. Die Literale können über die *Junktoren* gemäß Abb. 4.1 zu einer *Formel* verknüpft werden.[6] Die Menge aller so
erzeugbaren Formeln wird mit $\mathcal{F}$ bezeichnet.

Semantik: Die Literale werden als *prädikative Aussageformen* über $\mathcal{X}$ interpretiert – die Formeln als logische Formeln. Einer Formel wird über den
sogenannten *Erfüllungsmengenoperator* eine Teilmenge von $\mathcal{X}$ zugeordnet.
Dieser Operator ist eine mengenwertige Abbildung $E : \mathcal{F} \to \mathcal{P}(\mathcal{X})$, die
jeder Formel die zugehörige Erfüllungsmenge zuordnet. Die Erfüllungsmenge enthält alle Zustände, die eine Aussageform erfüllen, also in eine wahre
Aussage überführen. Für ein einfaches Literal „X_i = x_i" wird E wie folgt
definiert:

$$E[\text{X\_i = x\_i}] := \{x \in \mathcal{X} | x_i = \text{x\_i}\}$$

Die Erfüllungsmenge zu einer Formel erhält man durch wiederholte Anwendung von E auf die Teilformeln. Für zwei beliebige Formeln $F_1, F_2 \in \mathcal{F}$
gelte:

$$\begin{aligned} E[F_1 \wedge F_2] &:= E[F_1] \cap E[F_2] \\ E[F_1 \vee F_2] &:= E[F_1] \cup E[F_2] \\ E[\neg F_1] &:= \overline{E[F_1]} \end{aligned}$$

Zur Bedeutung dieses Operators noch ein Zitat:[7] *„Wendet man den
Erfüllungsmengenoperator E auf eine logische Verknüpfung von Aussageformen an, so wird man wieder auf die Mengenoperationen von oben geführt"*

Nach diesen Vorbemerkungen kann nun der Begriff einer probabilistischen Regel exakt definiert werden.

Definition 4.1 *Es sei $\mathcal{X}$ ein Zustandsraum und $\mathcal{F}$ die Menge aller gemäß
Abb. 4.1 erzeugbaren logischen Formeln. Weiterhin seien $F_1, F_2 \in \mathcal{F}$ zwei
Formeln und $\bar{p} \in [0, 1]$ eine reelle Zahl, für die gilt:*

---

[6] Die Syntax von probabilistischen Regeln ist über die sog. Backus-Naur-Form (BNF)
definiert. Eine Beschreibung der BNF findet sich z.B. in Schöning [80], S. 25f.

[7] entnommen aus Böhme [8], S. 141.

1. $E[F_1 \wedge F_2] = \emptyset \Longrightarrow \bar{p} = 0$

2. $E[F_1 \wedge F_2] = \mathcal{X} \Longrightarrow \bar{p} = 1$

Dann heißt das Tripel $(F_1, F_2, \bar{p})$ eine <u>probabilistische Regel</u> über $\mathcal{X}$. Gilt in einer Regel $E[F_1] = \mathcal{X}$, so wird diese spezielle Regel als ein <u>probabilistisches Fakt</u> bezeichnet.
Fakten und Regeln können auch (suggestiv) gemäß Abb. 4.1 notiert werden.

Bemerkung 4.1 In der Wahrscheinlichkeitstheorie und auch in der Logik wird im allgemeinen zwischen einer Aussageform und ihrer Erfüllungsmenge nicht explizit unterschieden. Dies bedeutet zum Beispiel, daß die logische Formel $F_1 \wedge \neg F_2$ als $F_1 \cap \overline{F}_2$ oder kurz als $F_1 \overline{F}_2$ notiert werden kann. Dieser Konvention soll sich hier angeschlossen werden, solange die jeweilige Bedeutung eindeutig aus dem Zusammenhang hervorgeht.

Die obige Definition beschreibt lediglich den rein logischen Teil einer probabilistischen Regel. Die Zahl $\bar{p}$ ist ein Element aus dem Intervall $[0, 1]$ — nicht mehr und nicht weniger. In der informellen Einführung ist die Zahl $\bar{p}$ hingegen als (bedingte) Wahrscheinlichkeit der Erfüllungsmengen von F_1 und F_2 gedeutet worden. Diese Interpretation führt auf den Begriff der *probabilistischen Extension* einer Regel.

Definition 4.2 *Es sei $\Pi(\mathcal{X})$ die Menge aller Wahrscheinlichkeitsverteilungen über $\mathcal{X}$ und $R := (F_1, F_2, \bar{p})$ eine probabilistische Regel. Dann wird die Menge:*

$$W(R) := \{P \in \Pi(\mathcal{X}) | P(F_1 F_2) = \bar{p} P(F_1)\}$$

als die <u>probabilistische Extension</u> von R bezeichnet.

Eine einzelne Regel wird also mit der Menge aller Verteilungen mit $P(F_2|F_1) = \bar{p}$ identifiziert. Die Extension existiert immer, da bei der Definition einer Regel die Axiomatik von Kolmogoroff bereits berücksichtigt wurde.

Die probabilistische Extension einer Regel kann natürlich in äquivalenter Form über *W-Funktionen* charakterisiert werden.

Satz 4.1 *Die Verteilung $P \in \Pi(\mathcal{X})$ ist genau dann in der probabilistischen Extension der Regel $(F_1, F_2, \bar{p})$ enthalten, wenn die W-Funktion $p(x)$ von P die Gleichung (4.1) erfüllt.*

$$(1-\bar{p}) \sum_{x \in F_1 F_2} p(x) - \bar{p} \sum_{x \in F_1 \overline{F}_2} p(x) = 0. \qquad (4.1)$$

Beweis:

$$\begin{aligned} P \in W(R) &\iff P(F_1 F_2) = \bar{p} P(F_1) \\ &\iff \sum_{x \in F_1 F_2} p(x) = \bar{p} \sum_{x \in F_1} p(x) \\ &\iff (1-\bar{p}) \sum_{x \in F_1 F_2} p(x) - \bar{p} \sum_{x \in F_1 \overline{F}_2} p(x) = 0 \end{aligned}$$

■

Die Koeffizienten von Gleichung (4.1) können über eine Funktion $a : \mathcal{X} \to [-1, 1]$ erzeugt werden. Diese Funktion wird wie folgt erklärt:

$$a(x) := \begin{cases} 0, & \text{für } x \in \overline{F}_1 \\ 1-\bar{p}, & \text{für } x \in F_1 F_2 \\ -\bar{p}, & \text{für } x \in F_1 \overline{F}_2 \end{cases} \qquad (4.2)$$

Damit sind alle notwendigen Begriffsbildungen für eine einzelne Regel hinreichend abgehandelt. Im weiteren werden ganze Mengen von Regeln und ihre Abhängigkeiten untereinander untersucht.

4.1.3 Mengen von Regeln und lineare Gleichungssysteme

Es soll zunächst der Begriff der probabilistischen Extension *einer* Regel auf eine *ganze Menge* von Regeln erweitert werden.

Definition und Satz 4.3 *Es sei* $\mathcal{R} := \{R_1, \ldots, R_m\}$ *eine Menge von Regeln auf dem Zustandsraum* $\mathcal{X}$ *und* $\Pi(\mathcal{X})$ *die Menge aller Wahrscheinlichkeitsverteilungen über* $\mathcal{X}$. *Dann wird die* <u>*probabilistische Extension*</u> $\mathcal{W}(\mathcal{R})$ *wie folgt erklärt:*

$$\mathcal{W}(\mathcal{R}) := \bigcap_{i=1}^{m} W(R_i)$$

Die Verteilung $P \in \Pi(\mathcal{X})$ *ist genau dann in der Extension von* $\mathcal{R}$ *enthalten, wenn die W-Funktion* $p(x)$ *von P die Gleichungen (4.3) erfüllt.*

$$\sum_{x \in \mathcal{X}} a_i(x) p(x) = 0, \; \textit{mit } a_i(x) \textit{ gemäß (4.2)}, \; \forall R_i \in \mathcal{R} \qquad (4.3)$$

Beweis: Die Aussage ergibt sich unmittelbar aus Satz (4.1) und der Definition von $\mathcal{W}(\mathcal{R})$ ∎

Während bei einer einzelnen Regel die Konsistenz bereits per Definition sichergestellt wurde, ist dies bei einer Menge von Regeln nicht mehr unbedingt gewährleistet, wie die folgenden Beispiele zeigen:

Beispiel 4.1 Gegeben seien zwei binäre Variable X und Y sowie die folgenden Regelmengen:

1. $\mathcal{R} := \{(X = 1) \rightsquigarrow (Y = 1) \, (0.8), \; (X = 1) \rightsquigarrow \neg(Y = 0) \, (0.6)\}$

   Wie man leicht nachvollzieht, ist jede Regel für sich sinnvoll, aber beide Regeln gemeinsam führen zu einem Widerspruch mit den Axiomen von Kolmogoroff.

2. $\mathcal{R} := \{(X = 0) \rightsquigarrow (Y = 1) \, (0.6), \; (X = 1) \rightsquigarrow (Y = 1) \, (0.8),$
   $(Y = 0) \rightsquigarrow (X = 1) \, (0.7), \; (Y = 1) \rightsquigarrow (X = 1) \, (0.9)\}$

   Auch diese Regelmenge ist inkonsistent. Dies sieht man allerdings erst nach der sorgfältigen Analyse eines Gleichungssystems mit Nichtnegativitätsbedingungen, das ähnlich wie in der informellen Einführung erzeugt wird.

3. $\mathcal{R} := \{(X = 0) \rightsquigarrow (Y = 0)\ (0.4),\ (X = 0) \rightsquigarrow (Y = 1)\ (0.6)\}$

Die Regelmenge ist konsistent. Beide Regeln besitzen eine Prämisse, die auch tatsächlich eintreten kann. Dennoch ist mindestens eine Regel überflüssig, da die zugewiesene Wahrscheinlichkeit sich bereits aus der Axiomatik der Wahrscheinlichkeitstheorie ergibt.

4. $\mathcal{R} := \{(X = 1)\ (1.0),\ (X = 0) \rightsquigarrow (Y = 1)\ (0.6)\}$.

Auch diese Menge ist konsistent — aber die Prämisse der zweiten Regel trägt die Wahrscheinlichkeit 0. Die Regel hat also keine Bedeutung. In der Sprechweise der klassischen regelbasierten Systeme bedeutet dies: Die zweite Regel kann niemals „feuern".

Aufgrund des ersten und dritten Beispiels könnte man auf die Idee kommen, die Ursache der überflüssigen und inkonsistenten Regeln in der redundanten Regel-Syntax zu suchen. Bei einem im voraus vereinbarten Zustandsraum kann man auf das Negationssymbol „¬" verzichten. Weiterhin kann man ohne Einschränkung der Allgemeinheit den vorzugebenden $\bar{p}$-Wert einer Regel syntaktisch auf das Intervall $[\frac{1}{2}, 1]$ einschränken. In dieser reduzierten Syntax wären die Regelmengen in den Beispielen 1 und 3 per Definition unzulässig. Die Beispiele 2 und 4 zeigen aber, daß sich inkonsistente und überflüssige Regeln nicht durch einfache syntaktische Korrekturen vermeiden lassen. Die Beispiele geben also Anlaß zu der folgenden Definition:

Definition 4.4 *Eine Regelmenge mit nichtleerer Extension wird als konsistent bezeichnet. Die Regelmenge $\mathcal{R}$ heißt reduzierbar, wenn es eine Regel $R \in \mathcal{R}$ gibt, so daß gilt:*

$$\mathcal{W}(\mathcal{R}) = \mathcal{W}(\mathcal{R} \setminus \{R\})$$

Die Regel R heißt dann redundant in $\mathcal{R}$.

Prinzipiell kann die Konsistenz einer gegebenen Regelmenge $\mathcal{R}$ natürlich mit Hilfe des Simplex-Verfahrens geprüft werden. Das Problem der inkonsistenten und redundanten Regelmengen ist vergleichbar mit ähnlich gelagerten Problemen aus der Linearen Optimierung.[8] Dennoch ist es für die

---
[8] vgl. hierzu Luenberger [55], S. 91ff, oder Gal in [21].

hier behandelte Fragestellung nicht sinnvoll, auf die Lineare Optimierung zurückzugreifen. Abgesehen davon, daß der Zustandsraum exponentiell mit der Anzahl der Variablen wächst, liefern die Verfahren der Linearen Optimierung lediglich Extremalverteilungen. In Kapitel 2 wurde dagegen herausgearbeitet, daß Information in Form von linearen Nebenbedingungen durch eine Verteilung mit maximaler Entropie repräsentiert werden sollte. Die Verteilung läßt sich iterativ berechnen, wie in Satz 2.5 gezeigt wurde. Diese Vorgehensweise besitzt zwei Vorteile:

1. Falls die Menge konsistent ist, so konvergiert die Iteration gegen eine Verteilung P^*, die aus informationstheoretischer Sicht die vorhandene Information sinnvoll repräsentiert.

2. Falls die Menge inkonsistent ist, so kann man die Iteration vorzeitig abbrechen und erhält auf diese Weise eine Approximation von P^*. Das lineare Optimierungsproblem besitzt in diesem Fall keine Lösung. Letztlich ist es dann nur durch „geschicktes Probieren" möglich, eine (maximal) konsistente Teilmenge der Regeln zu ermitteln.

Die weiteren Ausführungen beschäftigen sich daher mit der konkreten Berechnung einer Verteilung $P^* \in \mathcal{W}(\mathcal{R})$, deren Entropie maximal ist.

4.2 Erzeugung einer gemeinsamen Wahrscheinlichkeitsverteilung

Dieser Abschnitt behandelt das folgende Problem:

Gegeben: Eine Menge von Regeln $\mathcal{R}$ auf dem Zustandsraum $\mathcal{X}$.

Gesucht: Die Lösung P^* von: $\max_P \{H(P) | P \in \mathcal{W}(\mathcal{R})\}$, wobei H die Entropiefunktion gemäß Def. 2.1 ist.

Die gesuchte Verteilung soll mit dem iterativen Verfahren aus Abschnitt 2.6 ermittelt werden. Das Verfahren erzeugt — ausgehend von der Gleichverteilung über $\mathcal{X}$ — eine Folge von Verteilungen P_k, die gegen die gesuchte Lösung konvergiert. Hierzu ist in jedem Schritt die relative Entropie

$R(P_{k+1}, P_k)$ zwischen zwei aufeinanderfolgenden Verteilungen zu minimieren. Der folgende Hilfssatz liefert nun eine Formel, mit der die W-Funktion von P_{k+1} berechnet werden kann.[9]

Lemma 4.2 *Es sei $R := (F_1, F_2, \bar{p})$ mit $\bar{p} \in (0,1)$ eine Regel gemäß Def. 4.1 und $P_0 \in \Pi(\mathcal{X})$ eine Verteilung mit $P_0(F_1 F_2) > 0$ und zugehöriger W-Funktion p_0. Weiterhin sei $R(P, P_0)$ die relative Entropie zwischen P und P_0 gemäß Def. 2.2. Dann gilt:*
P^* ist genau dann die Lösung von:

$$\min_P \{R(P, P_0) | P \in W(R)\} \tag{4.4}$$

wenn für die zugehörige W-Funktion $p^*(x)$ gilt:

$$p^*(x) = \frac{p_0(x)\beta^{a(x)}}{\sum_{x \in \mathcal{X}} p_0(x)\beta^{a(x)}}, \quad \forall x \in \mathcal{X} \tag{4.5}$$

wobei $a(x)$ gemäß (4.2) und β gemäß (4.6) definiert ist.

$$\beta := \frac{\bar{p}}{1-\bar{p}} \frac{P_0(F_1 \overline{F_2})}{P_0(F_1 F_2)} \tag{4.6}$$

Beweis: Wenn P^* die Lösung von (4.4) ist, so gibt es nach Satz 2.1 positive Faktoren α_0 und α derart, daß für die W-Funktion $p^*(x)$ die folgende Faktorisierung gilt:

$$p^*(x) = p_0(x)\alpha_0 \alpha^{a(x)}, \quad \forall x \in \mathcal{X}$$

Weiterhin muß $p^*(x)$ wegen $P^* \in W(R)$ die Bedingung (4.1) aus Satz 4.1 erfüllen.

$$(1-\bar{p}) \sum_{x \in F_1 F_2} p^*(x) - \bar{p} \sum_{x \in F_1 \overline{F_2}} p^*(x) = 0$$

$$\iff (1-\bar{p})\alpha^{1-\bar{p}} \sum_{x \in F_1 F_2} p_0(x) - \bar{p}\alpha^{-\bar{p}} \sum_{x \in F_1 \overline{F_2}} p_0(x) = 0$$

$$\iff (1-\bar{p})\alpha^{1-\bar{p}} P_0(F_1 F_2) - \bar{p}\alpha^{-\bar{p}} P_0(F_1 \overline{F_2}) = 0$$

$$\iff \alpha = \frac{\bar{p}}{1-\bar{p}} \frac{P_0(F_1 \overline{F_2})}{P_0(F_1 F_2)} =: \beta$$

---

[9] vgl. hierzu auch Rödder & Xu [77].

Außerdem ist P^* eine Verteilung, d.h. die W-Funktion $p^*(x)$ erfüllt die Normierungsbedingung:

$$\sum_{x \in \mathcal{X}} p^*(x) = 1 \iff \sum_{x \in \mathcal{X}} p_0(x)\alpha_0 \beta^{a(x)} = 1 \iff \alpha_0 = \frac{1}{\sum_{x \in \mathcal{X}} p_0(x)\beta^{a(x)}}$$

Somit ist gezeigt, daß für $p^*(x)$ notwendigerweise die Gleichung (4.5) gelten muß. Da alle obigen Gleichungen aus Äquivalenzumformungen hervorgegangen sind, ist (4.5) auch hinreichend für ein Minimum von (4.4). ∎

Bemerkung 4.2 In dem obigen Lemma sind zwei Fälle in der Voraussetzung ausgeschlossen worden: Für $P_0(F_1 F_2) = 0$ und $\bar{p} \in (0,1)$ steht die Regel im Widerspruch zu P_0. Für $P_0(F_1 F_2) > 0$ und $\bar{p} \in \{0,1\}$ liefert $\beta = 0$ mit $0^0 := 1$ eine zulässige Lösung von (4.4), wie man unmittelbar durch Nachrechnen verifiziert.

Mit Hilfe von Lemma 4.2 und Satz 2.5 ist es möglich, zu jeder (konsistenten) Regelmenge die W-Funktion der Lösung P^* des eingangs erwähnten Problems zu berechnen. Diese kann prinzipiell (wie bei den Bayes-Netzen aus Abschnitt 3.2.3) in einer Tabelle repräsentiert werden, in der für jeden Zustand die zugehörige Wahrscheinlichkeit abgelegt ist. Allerdings benötigt die Darstellung der W-Funktion in Tabellenform im Vergleich zu der Anzahl der Regeln eine unter Umständen sehr hohe Zahl von Einzelwahrscheinlichkeiten. Außerdem ist der unmittelbare Zusammenhang zwischen den Regeln und der Wahrscheinlichkeitsverteilung aus der Tabelle allein nicht mehr erkennbar. So benötigt man beispielsweise zur Repräsentation einer einzigen Regel, wie z.B. „$(E = 1) \wedge (K = 0) \rightsquigarrow (G = 1)$ (0.7)" insgesamt 8 Einzelwahrscheinlichkeiten, die aber lediglich 3 unterschiedliche Werte annehmen. Zu einer wesentlich effizienteren Repräsentation gelangt man mit Hilfe von Satz 2.1 aus Abschnitt 2.3. Dort wird gezeigt, daß sich die gesuchte Verteilung bei insgesamt m Nebenbedingungen (Regeln) in ein Produkt von $m+1$ (Lagrange-) Parametern faktorisieren läßt. Das Problem ist nur, daß diese Faktoren im vorhinein unbekannt sind.

$$\boxed{\begin{aligned}
&k := 0 \\
&\alpha_{i,0} := 1,\ \forall i \in \{1,\ldots,m\} \\
&\mu_0(x) := \prod_{i=1}^{m} \alpha_{i,0}^{a_i(x)},\ \forall x \in \mathcal{X} \\
&\textit{Wiederhole:} \\
&\quad k := k+1 \qquad\qquad\qquad\qquad \text{// } k \text{ durchläuft die Zahlen } 1,2,3,\ldots \\
&\quad j := ((k-1) \bmod m) + 1 \qquad \text{// } j \text{ durchläuft zyklisch die Zahlen } 1,\ldots,m \\
&\quad \beta := \frac{\bar{p}_j}{1-\bar{p}_j} \frac{\mu_{k-1}(F_{1_j}\overline{F_{2_j}})}{\mu_{k-1}(F_{1_j}F_{2_j})} \\
&\quad \mu_k(x) := \mu_{k-1}(x)\beta^{a_j(x)},\ \forall x \in \mathcal{X} \qquad \text{// } a_j(x) \text{ gemäß (4.2)} \\
&\quad \alpha_{i,k} := \alpha_{i,k-1}\beta^{\delta_{ij}},\ \forall i \in \{1,\ldots,m\} \text{ // } \delta_{ij} := \begin{cases} 1, \text{ für } i=j \\ 0, \text{ für } i\neq j \end{cases} \text{(Kroneckersymbol)} \\
&\textit{bis Abbruchbedingung erfüllt} \\
&\alpha_{0,k} := 1/\mu_k(\mathcal{X})
\end{aligned}}$$

Abb. 4.2: Iteration zur Berechnung der Potentiale auf $\mathcal{X}$ und $\mathcal{R}$

Es wird nun gezeigt, wie die gesuchten Faktoren α_i mit Hilfe der Iteration aus Satz 2.5 berechnet werden können. Bei dieser Iteration werden sehr häufig Summationen über alle Elemente aus der Erfüllungsmenge einer logischen Formel vorgenommen. Zur Verkürzung der Notation wird daher für eine Formel $F \in \mathcal{F}$ und für eine Potentialfunktion $\mu : \mathcal{X} \to \mathbb{R}_+$ die Schreibweise $\mu(F) := \sum_{x \in F} \mu(x)$ eingeführt. Ist das Argument von μ also eine Menge, soll der Funktionswert die Summe aller Einzelpotentiale sein.

Satz 4.3 *Es sei $\mathcal{R} = \{R_1, \ldots, R_m\}$ eine Regelmenge auf $\mathcal{X}$ mit $\bar{p}_i \in (0,1)$ für alle $R_i \in \mathcal{R}$. Es seien weiterhin $\alpha_{i,k}$ die im k.-ten Schritt der Iteration aus Abb. 4.2 erzeugten Potentiale auf $\mathcal{R}$. Ferner sei:*

$$p_k(x) := \alpha_{0,k} \prod_{i=1}^{m} \alpha_{i,k}^{a_i(x)},\ \forall x \in \mathcal{X} \tag{4.7}$$

wobei $a_i(x)$ gemäß (4.2) gewählt ist. Dann gilt für die Folge p_k:

$$\mathcal{W}(\mathcal{R}) \neq \emptyset \implies \lim_{k \to \infty} p_k(x) = p^*(x),$$

wobei $p^*(x)$ die W-Funktion der Lösung P^* von: $\max\limits_{P}\{H(P)|P \in \mathcal{W}(\mathcal{R})\}$ *ist.*

Beweis: Es wird zunächst die folgende Hilfsaussage durch vollständige Induktion nach k bewiesen:

$$\mu_k(x) = \prod_{i=1}^{m} \alpha_{i,k}^{a_i(x)}, \forall k \in \mathbb{N}, \forall x \in \mathcal{X} \qquad (4.8)$$

Induktionsanfang ($k = 0$): Trivial, da nach 0 Wiederholungen per Definition gilt:

$$\mu_0(x) = \prod_{i=1}^{m} \alpha_{i,0}^{a_i(x)} = 1, \forall x \in \mathcal{X}$$

Induktionsschluß ($k \rightarrow k+1$):

$\mu_{k+1}(x) = \mu_k(x)\beta^{a_j(x)}$ \hfill (nach Def. von μ_{k+1} aus Abb. 4.2)

$= \left(\prod\limits_{i=1}^{m} \alpha_{i,k}^{a_i(x)}\right) \beta^{a_j(x)}$ \hfill (nach Induktionsannahme)

$= \left(\prod\limits_{i=1}^{m} \alpha_{i,k}^{a_i(x)}\right) \left(\prod\limits_{i=1}^{m} \beta^{(a_i(x)\delta_{ij})}\right)$ \hfill (wegen Def. von $\delta_{ij} = \begin{cases} 1, \text{ für } i=j \\ 0, \text{ für } i \neq j \end{cases}$)

$= \left(\prod\limits_{i=1}^{m} \alpha_{i,k}^{a_i(x)}\right) \left(\prod\limits_{i=1}^{m} \left(\beta^{\delta_{ij}}\right)^{a_i(x)}\right)$ \hfill (elementare Potenzgesetze)

$= \prod\limits_{i=1}^{m} \left(\alpha_{i,k} \beta^{\delta_{ij}}\right)^{a_i(x)}$ \hfill (elementares Kommutativgesetz)

$= \prod\limits_{i=1}^{m} \alpha_{i,k+1}^{a_i(x)}, \forall x \in \mathcal{X}$ \hfill (nach Def. von $\alpha_{j,k+1}$ aus Abb. 4.2)

Damit ist Hilfsaussage (4.8) für alle $k \in \mathbb{N}$ bewiesen. Die eigentliche Aussage ergibt sich wie folgt:
Für p_0 gilt:

$$p_0(x) = \alpha_{0,0} \prod_{i=1}^{m} \alpha_{i,0}^{a_i(x)} = \frac{1}{\sum_{x \in \mathcal{X}} 1} = \frac{1}{|\mathcal{X}|}, \forall x \in \mathcal{X}$$

d.h. p_0 ist die W-Funktion der Gleichverteilung. Weiterhin gilt:

$$p_k(x) = \alpha_{0,k} \prod_{i=1}^{m} \alpha_{i,k}^{a_i(x)} \qquad \text{(nach Voraussetzung)}$$

$$= \alpha_{0,k} \mu_k(x) \qquad \text{(wegen 4.8)}$$

$$= \frac{\mu_k(x)}{\sum_{x \in \mathcal{X}} \mu_k(x)} \qquad \text{(nach Def. von } \alpha_0\text{)}$$

$$= \frac{\mu_{k-1}(x) \beta^{a_j(x)}}{\sum_{x \in \mathcal{X}} \mu_{k-1}(x) \beta^{a_j(x)}} \qquad \text{(nach Def. von } \mu_k \text{ aus Abb. 4.2)}$$

$$= \frac{\alpha_{0,k-1} \mu_{k-1}(x) \beta^{a_j(x)}}{\alpha_{0,k-1} \sum_{x \in \mathcal{X}} \mu_{k-1}(x) \beta^{a_j(x)}} \qquad \text{(Erweitern des Quotienten mit } \alpha_{0,k-1}\text{)}$$

$$= \frac{p_{k-1}(x) \beta^{a_j(x)}}{\sum_{x \in \mathcal{X}} p_{k-1}(x) \beta^{a_j(x)}} \qquad \text{(nach Def. von } \alpha_{0,k-1} \text{ aus Abb. 4.2)}$$

Insgesamt ergibt sich also die W-Funktion aus Lemma 4.2. Die zugehörige Verteilung P_k minimiert die relative Entropie bzgl. P_{k-1} unter der j.-ten Nebenbedingung. Aufgrund der vorausgesetzten Konsistenz von $\mathcal{R}$ gilt dann wegen Satz 2.5

$$\lim_{k \to \infty} P_k = \min_P \{R(P, P^0) | P \in \mathcal{W}(\mathcal{R})\}. \tag{4.9}$$

Der Grenzwert minimiert also die relative Entropie bzgl. der Gleichverteilung P_0. Dies ist aber äquivalent (siehe auch die Bemerkung 2.3 auf S. 13) zu:

$$\lim_{k \to \infty} P_k = \max_P \{H(P) | P \in \mathcal{W}(\mathcal{R})\}.$$

∎

Bemerkung 4.3 Ähnlich wie in Lemma 4.2 sind laut Voraussetzung die Fälle $\bar{p}_i = 0$ bzw. $\bar{p}_i = 1$ ausgeschlossen. Hierdurch wird sichergestellt, daß alle Potentiale positiv bleiben und die Formel für β immer anwendbar ist.

Für $\bar{p}_i = 0$ ergibt sich $\beta = 0$, d.h. die Potentiale auf der Menge $F_{1_i}F_{2_i}$ verschwinden. Dies hat zur Folge, daß in späteren Schritten evtl. der Quotient nicht mehr definiert ist. Analog führt der Fall $\bar{p}_i = 1$ zum Verschwinden der Potentiale auf $F_{1_i}\overline{F}_{2_i}$. In beiden Fällen gilt dann die unter Lemma 4.2 angeführte Bemerkung, d.h. ab der ersten Regel mit $\bar{p}_i \in \{0,1\}$ ist für alle weiteren Iterationsschritte zu prüfen, ob die jeweiligen Erfüllungsmengen $F_{1_i}F_{2_i}$ bzw. $F_{1_i}\overline{F}_{2_i}$ noch eine positive Potentialsumme besitzen. Andererseits kann die „auslösende Regel" in allen weiteren Iterationschritten keine Änderung der Potentiale mehr bewirken. Diese Regel kann also aus der Regelmenge $\mathcal{R}$ entfernt werden.

Es ist bisher noch unklar, wann die Iteration beendet werden soll, da der obige Satz lediglich eine Aussage über die Grenzverteilung macht. In der Praxis kann man natürlich die üblichen Abbruchbedingungen aus der nichtlinearen Optimierung anwenden, wie z.B. die Vorgabe von Schranken für die Änderung des Zielfunktionswertes bzw. der Potentialwerte. Diese Abbruchbedingungen sind aber nur für konsistente Regelmengen sinnvoll, da nur für diesen Fall ein Konvergenzverhalten nachgewiesen wurde. Leider ist gerade diese Information im vorhinein unbekannt, sodaß man letztlich eine Maximalanzahl von Iterationsschritten vorgeben muß. Diese zunächst unbefriedigende Lösung kann aber mit Hilfe der relativen Entropie entscheidend verbessert werden. In dem folgendem Corollar wird gezeigt, daß der Normierungsfaktor $\alpha_{0,k}$ in Abhängigkeit der Iterationschritte monoton steigt. Hieraus läßt sich eine notwendige Bedingung für die Konsistenz von $\mathcal{R}$ ableiten:

Corollar 4.4 *Es sei $\mathcal{R}$ eine konsistente Regelmenge auf $\mathcal{X}$ und $\alpha_{0,k}$ der Normierungsfaktor nach k Schritten der Potentialiteration in Abb. 4.2. Dann gilt mit den Bezeichnungen von Satz 4.3:*

$$\alpha_{0,0} \leq \alpha_{0,1} \leq \alpha_{0,2} \leq \ldots \leq \alpha_{0,k-1} \leq \alpha_{0,k} \leq |\mathcal{X}|, \forall k \in I\!N$$

Beweis: Es gilt:

$$
\begin{aligned}
R(P_k, P_{k-1}) &= \sum_{x \in \mathcal{X}} p_k(x) \log \frac{p_k(x)}{p_{k-1}(x)} = \sum_{x \in \mathcal{X}} p_k(x) \log \frac{\alpha_{0,k} \mu_k(x)}{\alpha_{0,k-1} \mu_{k-1}(x)} \\
&= \sum_{x \in \mathcal{X}} p_k(x) \log \frac{\alpha_{0,k} \mu_{k-1}(x) \beta^{a_j(x)}}{\alpha_{0,k-1} \mu_{k-1}(x)} = \sum_{x \in \mathcal{X}} p_k(x) \log \frac{\alpha_{0,k} \beta^{a_j(x)}}{\alpha_{0,k-1}} \\
&= \sum_{x \in \mathcal{X}} p_k(x) \left(\log \frac{\alpha_{0,k}}{\alpha_{0,k-1}} + \log \beta^{a_j(x)} \right) \\
&= \sum_{x \in \mathcal{X}} p_k(x) \log \frac{\alpha_{0,k}}{\alpha_{0,k-1}} + \sum_{x \in \mathcal{X}} p_k(x) \log \beta^{a_j(x)} \\
&= \log \frac{\alpha_{0,k}}{\alpha_{0,k-1}} + \sum_{x \in \mathcal{X}} p_k(x) a_j(x) \log \beta
\end{aligned}
$$

In dem Beweis zu Satz 4.2 wurde gezeigt, daß die Verteilung P_k die relative Entropie bzgl. der j.-ten Nebenbedingung minimiert, also gilt:

$$
\sum_{x \in \mathcal{X}} p_k(x) a_j(x) = 0 \Longrightarrow 0 \le R(P_k, P_{k-1}) = \log \frac{\alpha_{0,k}}{\alpha_{0,k-1}} \Longrightarrow \alpha_{0,k-1} \le \alpha_{0_k}
$$

Damit ist die Monotonie gezeigt. Die Obergrenze ergibt sich wie folgt: Wenn die Regelmenge konsistent ist, so gibt es eine Verteilung $P^* \in \mathcal{W}(\mathcal{R})$ mit:

$$
\begin{aligned}
R(P^*, P_0) &= -H(P^*) - \log \tfrac{1}{|\mathcal{X}|} \\
\stackrel{Satz\,2.1}{\Longrightarrow} \quad \log \alpha_0^* &= -H(P^*) - \log \tfrac{1}{|\mathcal{X}|} \\
\Longrightarrow \quad \log \alpha_0^* + \log \tfrac{1}{|\mathcal{X}|} &\le 0 \\
\Longleftrightarrow \quad \alpha_0^* &\le |\mathcal{X}| \\
\Longleftrightarrow \quad \alpha_{0,k} &\le |\mathcal{X}|,\ \forall k \in \mathbb{N}
\end{aligned}
$$

∎

Es soll nun gezeigt werden, daß die Iteration aus Abb. 4.2 für eine konsistente Regelmenge *unabhängig* von der Wahl der Anfangswerte $\alpha_{i,0}$ gegen dieselbe Grenzverteilung mit maximaler Entropie konvergiert:

Satz 4.5 *Es sei $\mathcal{R} = \{R_1, \ldots, R_m\}$ eine Regelmenge auf $\mathcal{X}$ und P_α eine Verteilung, deren W-Funktion sich als ein Produkt von $m+1$ Faktoren in*

Abhängigkeit von $\mathcal{R}$ darstellen läßt, d.h.:

$$p_\alpha(x) = \alpha_0 \prod_{i=1}^{m} \alpha_i^{a_i(x)}, \; \forall x \in \mathcal{X} \tag{4.10}$$

wobei $\alpha_i > 0$ für $i \in \{1, \ldots, m\}$ beliebig, aber dann fest gewählt sei und α_0 ein Normierungsfaktor ist. Dann gilt:

$$R(Q, P_\alpha) + H(Q) = -\log \alpha_0, \; \forall Q \in \mathcal{W}(\mathcal{R})$$

Beweis: Die Behauptung ergibt sich aus der folgenden Gleichungskette:

$$\begin{aligned}
R(Q, P_\alpha) &= -H(Q) - \sum_{x \in \mathcal{X}} q(x) \log p_\alpha(x) \\
&= -H(Q) - \sum_{x \in \mathcal{X}} q(x) \log(\alpha_0 \prod_{i=1}^{m} \alpha_i^{a_i(x)}) \\
&= -H(Q) - \sum_{x \in \mathcal{X}} q(x)(\log \alpha_0 + \sum_{i=1}^{m} a_i(x) \log \alpha_i) \\
&= -H(Q) - \log \alpha_0 - \sum_{x \in \mathcal{X}} \sum_{i=1}^{m} q(x) a_i(x) \log \alpha_i \\
&= -H(Q) - \log \alpha_0 - \sum_{i=1}^{m} (\log \alpha_i \sum_{x \in \mathcal{X}} a_i(x) q(x)) \\
&= -H(Q) - \log \alpha_0
\end{aligned}$$

Die ersten 6 Zeilen sind elementare Umformungen, die letzte Zeile gilt wegen:

$$Q \in \mathcal{W}(\mathcal{R}) \iff \sum_{x \in \mathcal{X}} a_i(x) q(x) = 0, \; \forall R_i \in \mathcal{R}$$

∎

Wie man sieht, ist die Summe $R(Q, P_\alpha) + H(Q)$ für alle $Q \in \mathcal{W}(\mathcal{R})$ konstant. Minimiert man also die relative Entropie zwischen Q und P_α, so wird gleichzeitig die Entropie von Q maximiert. Umgekehrt formuliert ist die Maximierung der Entropie äquivalent zur Minimierung der relativen Entropie bzgl. der Menge aller Verteilungen, die eine Faktorisierung gemäß (4.10) besitzen. Insofern ist der Satz 4.5 eine Verallgemeinerung von Bemerkung 2.3, die sich nur auf die Gleichverteilung bezog. Diese kann man nun durch eine ganze Klasse von Verteilungen ersetzen, und zwar durch die Menge aller Verteilungen, deren W-Funktion die o.a. Faktorisierung erfüllen.

Fortsetzung von Beispiel 2.2 Für die Urne führt die vorhandene Information auf die Regel:

$$R := \neg(Farbe = rot) \leadsto (Farbe = blau) \quad (0.9)$$

Dann ist P^* die eindeutige Lösung des Problems (1.) und der Problemklasse (2.):

1. $\max_P \{H(P) | P \in W(R)\}$
2. $\min_P \{R(P, P_\alpha) | P \in W(R)\}$, $\forall P_\alpha \in \Pi_\alpha$,
   wobei Π_α die Kurve in Abb. 2.3 auf S. 19 ist.

Der Satz 4.5 hat praktische Konsequenzen bei *dynamischen Veränderungen der Regelmenge*, da die Zähldichte der Grenzverteilung P^* aus Satz 4.3 ebenfalls gemäß (4.10) faktorisierbar ist. Will man beispielsweise zu einem späteren Zeitpunkt die Regelmenge vergrößern, so kann man die Iteration auf Basis der alten Potentiale fortsetzen. Bei einer Reduktion der Regelmenge werden lediglich die zugehörigen Potentialwerte auf den Wert 1 gesetzt und die Iteration kann ebenfalls fortgesetzt werden. Ebenso einfach können *dynamische Veränderung des Zustandsraums* behandelt werden. Wie man der Abb. 4.2 entnimmt, hat die absolute Größe des Zustandsraums auf die Potentiale der Regeln keinen Einfluß, da nur der Quotient $\mu(F_1, \overline{F}_2)/\mu(F_1, F_2)$ bei der Berechnung benötigt wird. Es muß also nur der Normierungsfaktor α_0^* neu bestimmt werden.

Mit Hilfe der Sätze 4.3 und 4.5 läßt sich das eingangs gestellte Problem für „kleine" Zustandsräume relativ effizient iterativ lösen. Dennoch verbleibt eine ganze Reihe von offenen Fragen:

1. Bei der Potentialiteration gemäß Abb. 4.2 werden in jedem Schritt die Potentialsummen $\mu(F_{1i}, F_{2i})$ und $\mu(F_{1i}, \overline{F}_{2i})$ berechnet und an die

Konfigurationen des Zustandsraums heranmultipliziert. Hierfür sind in Abhängigkeit von der Dimension des Zustandsraums exponentiell viele Additionen und Multiplikationen erforderlich. Ab einer bestimmten Anzahl von Variablen ist die Iteration also praktisch nicht durchführbar.

2. Auf Basis der erzeugten gemeinsamen Verteilung sollen Schlußfolgerungen gezogen werden, mit denen sinnvolle Entscheidungen getroffen werden können. Hierzu müssen bedingte Randverteilungen berechnet und ausgewertet werden. Auch hier stellt sich die Frage nach der praktischen Umsetzbarkeit bei höheren Dimensionen.

3. Letztlich ist noch die Frage offen, inwieweit die Einbindung der graphischen Modelle in die probabilistische Konditionallogik möglich und sinnvoll ist.

Die beiden erstgenannten Problemstellungen sind effizient lösbar, werden aber erst in Kapitel 5 behandelt. Zunächst soll in dem folgendem Abschnitt anhand von konkreten Beispielen gezeigt werden, daß die dritte Frage positiv beantwortet werden kann. Die probabilistische Konditionallogik kann in einem gewissen Sinne als eine Verallgemeinerung dieser Modelle aufgefaßt werden.

4.3 Probabilistische Regeln und graphische Repräsentationen

In Satz 2.1 wurde für die Verteilung P^* mit maximaler Entropie die folgende Faktorisierung gezeigt:

$$p^*(x) = \alpha_0 \cdot \prod_{i=1}^{m} \alpha_i^{a_i(x)},$$

wobei die Funktionen $a_i(x)$ für jede Regel $R_i \in \mathcal{R}$ gemäß (4.2) definiert sind. Zur Berechnung der Funktion a_i sind lediglich die Werte derjenigen Zufallsvariablen notwendig, die in der Regel tatsächlich verwendet werden

Nr.	$A \leadsto B$	$\bar{p}$	α^*
1.	$(S = 1) \leadsto (J = 1)$	(0.9)	23.3
2.	$(J = 1) \leadsto (F = l)$	(0.8)	15.9
3.	$(F = l) \leadsto (J = 1)$	(0.7)	0.8
4.	$(J = 1) \leadsto (S = 1)$	(0.3)	0.5
5.	$(K = 1) \wedge (S = 1) \leadsto (F = v) \vee (F = w)$	(0.9)	40.8
6.	$(F = w) \leadsto (J = 1)$	(0.8)	17.3

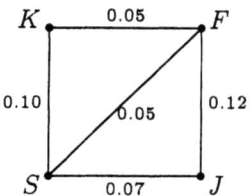

Abb. 4.3: Regelmenge sowie zugehöriges Markov-Netz

— im allgemeinen also nicht alle. Bezeichnet man die Menge der in einer Regel $R_i \in \mathcal{R}$ verwendeten Variablen mit X_{R_i}, so gilt:

$$a_i(x) = a_i(x_{R_i}). \qquad (4.11)$$

Setzt man dann:

$$f_{R_i}(x_{R_i}) := \alpha_i^{a_i(x_{R_i})},$$

so ergibt sich für festes α_i eine Faktorisierung:

$$p^*(x) = \alpha_0 \cdot \prod_{i=1}^m f_{R_i}(x_{R_i})$$

Die Konstante α_0 kann einer beliebigen Funktion f_{R_i} zugeordnet werden und hat keinen Einfluß auf die Abhängigkeitsstruktur. In Abschnitt 3.2 wurde gezeigt, wie derartige Faktorisierungen graphisch repräsentiert werden können. Man kann also jeder Regelmenge ein Markov-Netz zuordnen. Dies soll für ein relativ bekanntes Beispiel kurz demonstriert werden:[10]

Beispiel 4.2 (entnommen aus: Leá Sombé [85], S. 4ff.)
Gegeben seien die folgenden Aussagen:

1. Studenten (S) sind jung.

2. Jugendliche (J) sind ledig.

3. Ledige sind jung.

---
[10] vgl. hierzu auch: Rödder & Kern-Isberner [74].

4. *Ein Teil der Jugendlichen sind Studenten.*

5. *Studenten, die Kinder haben (K), sind verheiratet oder leben (unverheiratet) mit jemanden zusammen.*

6. *(Unverheiratet) zusammenlebende Leute sind jung.*

7. *Ledig, verheiratet, und (unverheiratet) mit jemandem zusammenleben schließen sich paarweise aus (F).*

Die obigen Aussagen werden in der zitierten Literaturstelle gemäß der Tabelle in Abb. 4.3 formalisiert. Lediglich die Bezeichnungen der Variablen sind hier etwas kürzer gewählt.[11] In der dritten Spalte der Tabelle sind die aus der Potentialiteration ermittelten Faktoren α_i^* für jede Regel eingetragen. Ein Wert in der Nähe von 1 entspricht einem Lagrangeparameter (vgl. Satz 2.1) in der Nähe von 0. Sehr hohe bzw. niedrige Werte bedeuten demgemäß, daß die zugehörige Regel im Verhältnis zu den anderen Regeln stark restriktiv wirkt. Aus dem Markov-Netz kann man unmittelbar die bedingte Unabhängigkeit $K \perp J | \{F, S\}$ ablesen. Zusätzlich sind in das Netz die Kantengewichte gemäß Definition 3.5 eingetragen worden. Man erkennt eine relativ starke Abhängigkeit zwischen dem *Familienstand* und dem Lebensabschnitt (*Jugendlich*). Diese Abhängigkeit ist in den Regeln 2,3 und 6 unterstellt worden.

In dem obigen Beispiel sind die Aussagen inhaltlich so formuliert, daß eine zeitliche oder kausale Reihenfolge der Variablen nicht angebracht erscheint. Eine Repräsentation in einem gerichteten Graphen ist daher wenig sinnvoll. Für das in Abschnitt 3.2.3 vorgelegte Beispiel 3.1 kann dagegen problemlos eine Reihenfolge unterstellt werden. Das dort betrachtete Modell kann natürlich ebenso innerhalb der probabilistischen Konditionallogik formalisiert werden. Dabei werden die bedingten Wahrscheinlichkeiten aus den Tabellen in Abb. 3.6 als Regeln interpretiert. Nun zeigt sich allerdings bei der zugehörigen Verteilung mit maximaler Entropie ein interessanter Effekt: In der Verteilung P^* „verschwindet" die Reihenfolge, d.h. die bedingte Unabhängigkeit $E \perp K | X$ ist *nicht* gültig in P^*. Zur Verdeutlichung

---

[11]Die Variable F mit den Werten (*led.*, *verh.*, *wilde* Ehe) charakterisiert den Familienstand.

g	e	k	n	p_{DAG}	p^*	g	e	k	n	p_{DAG}	p^*	g	e	k	n	p_{DAG}	p^*
0	0	0	0	0.0288	0.0321	$\frac{1}{2}$	0	0	0	0.0432	0.0481	1	0	0	0	0.0720	0.0802
0	0	0	1	0.0028	0.0064	$\frac{1}{2}$	0	0	1	0.0042	0.0097	1	0	0	1	0.0070	0.0161
0	0	1	0	0.0096	0.0080	$\frac{1}{2}$	0	1	0	0.0768	0.0637	1	0	1	0	0.0096	0.0080
0	0	1	1	0.0056	0.0038	$\frac{1}{2}$	0	1	1	0.0448	0.0302	1	0	1	1	0.0056	0.0038
0	1	0	0	0.0000	0.0000	$\frac{1}{2}$	1	0	0	0.0000	0.0000	1	1	0	0	0.0360	0.0196
0	1	0	1	0.0000	0.0000	$\frac{1}{2}$	1	0	1	0.0000	0.0000	1	1	0	1	0.1260	0.1078
0	1	1	0	0.0048	0.0081	$\frac{1}{2}$	1	1	0	0.0072	0.0121	1	1	1	0	0.0120	0.0202
0	1	1	1	0.1008	0.1044	$\frac{1}{2}$	1	1	1	0.1512	0.1567	1	1	1	1	0.2520	0.2611
$H(P_{DAG}) = 3.38197021$												$H(P^*) = 3.41653747$					

Tabelle 4.1: Vergleich der Verteilungen P^* und P_{DAG}

ist in Tabelle 4.1 die Verteilung P^* mit maximaler Entropie und die gemäß Satz 3.5 erzeugte Verteilung P_{DAG} aus Abschnitt 3.2.3 gegenübergestellt. Die in einer Regel $F_1 \rightsquigarrow F_2\ (\bar{p})$ suggestiv unterstellte Richtung induziert also *keine* gerichtete bedingte Unabhängigkeit in P^*. Je nachdem, welcher reale Sachverhalt durch die Regeln beschrieben wird, kann dieses Verhalten wünschenswert sein oder auch nicht. Falls eine Reihenfolge sinnvoll erscheint, kann man der Regelmenge zunächst ein *Inferenznetz* zuordnen, in dem die unterstellte Richtung in den Regeln graphisch sichtbar wird. Dieses Netz wird über die folgende Kontruktionsvorschrift erzeugt:

1. Erzeuge einen Knoten für jede Variable.

2. (a) Verbinde zwei Knoten durch eine *Kante*, wenn die zugehörigen Variablen *gemeinsam* auf der rechten Seite einer Regel oder in einem Fakt erscheinen.

   (b) Verbinde die Knoten v und w durch einen *Pfeil*, falls die zu v gehörige Variable auf der linken Seite und die zu w gehörige Variable auf der rechten Seite erscheint.

Das Ergebnis dieser Vorschrift ist ein *gemischter* Graph, in dem die Regeln durch Pfeile und die Fakten durch Kanten repräsentiert werden. Abgesehen davon, daß die Beziehungsstruktur zwischen den Variablen etwas übersichtlicher wird, hat man mit dem Inferenznetz alleine noch nicht viel gewonnen, da das zu der Verteilung P^* gehörige Unabhängigkeitsmodell natürlich weiterhin ungerichtet ist. Unter bestimmten Voraussetzungen läßt sich aber aus P^* ein gerichtetes Unabhängigkeitsmodell durch *Nachfaktorisieren* erzeugen.

Das Nachfaktorisieren ist möglich, falls das Inferenznetz einen sogenannten Kettengraphen (*chain graph*) bildet. Hierunter versteht man einen gemischten Graphen, dessen Knotenmenge in Blöcke partitioniert ist.

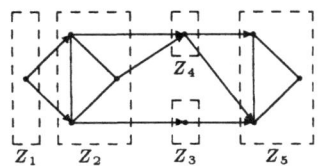

Innerhalb eines Blocks sind nur ungerichtete Kanten erlaubt. Die Blöcke sind untereinander durch Pfeile verbunden, wobei der Graph keine gerichteten Zyklen enthalten darf.[12] Falls das Inferenznetz diese Eigenschaften erfüllt, kann man aus der bekannten Verteilung P^* eine neue Verteilung Q^* erzeugen, in der das zugehörige Unabhängigkeitsmodell gerichtet ist.

Bezeichnet man die Menge aller ungerichteten Blöcke des Kettengraphen mit $\mathcal{Z}$, so wird Q^* durch die folgende Nachfaktorisierung erklärt:

$$q^*(x_1,\ldots,x_n) = \prod_{Z \in \mathcal{Z}} p^*(x_Z | x_{pa(Z)}), \tag{4.12}$$

wobei $pa(Z)$ die Menge der bzgl. Z direkt vorgelagerten Blöcke bezeichnet.

Die gemäß (4.12) erzeugte Verteilung hat wegen Satz 3.5 die Eigenschaft, daß der Kettengraph ein gerichteter Unabhängigkeitsgraph (mit den *Hyperknoten* Z_i) für Q^* ist. Die in den Regeln suggestiv unterstellte Reihenfolge wird also in dem zugehörigen Unabhängigkeitsmodell berücksichtigt. Zwei abschließende Beispiele sollen die bisherigen Ausführungen noch einmal verdeutlichen:

Beispiel 4.3 Angenommen, der Kettengraph auf Seite 75 ist das Inferenznetz zu einer Regelmenge $\mathcal{R}$. Außerdem sei die zu $\mathcal{R}$ gehörige Verteilung mit

---

[12]Eine exakte Definition findet sich z.B. in Whittaker [94], S. 78. Die Blöcke in einem Kettengraphen können sehr schnell ermittelt werden, wenn man einfach alle Pfeile entfernt.

maximaler Entropie P^* bekannt. Dann wird Q^* gemäß der folgenden Nachfaktorisierung erzeugt:

$$q^*(x_1 \ldots x_9) = p^*(x_{Z_1}) \cdot p^*(x_{Z_2}|x_{Z_1}) \cdot p^*(x_{Z_3}|x_{Z_2}) \cdot p^*(x_{Z_4}|x_{Z_2}) \cdot p^*(x_{Z_5}|x_{Z_3}, x_{Z_4})$$

In Q^* gelten dann beispielsweise die folgenden bedingten Unabhängigkeiten:

$$\{X_{Z_3} \perp X_{Z_1}|X_{Z_2},\ X_{Z_4} \perp X_{Z_1}|X_{Z_2},\ X_{Z_4} \perp X_{Z_3}|X_{Z_2},\ X_{Z_5} \perp X_{Z_2}|X_{Z_3 \cup Z_4}\}$$

In der Verteilung P^* wäre die an zweiter und dritter Stelle aufgeführte Relation nicht erfüllt.

In dem zweiten Beispiel wird noch einmal das Modell aus Abschnitt 3.2.3 aufgegriffen. Das Nachfaktorisieren führt bei „einfachen" Hyperknoten auf die bereits bekannte Verteilung:

Fortsetzung von Beispiel 3.1 Erzeugt man aus P^* (siehe Tabelle 4.1) die Verteilung Q^* gemäß:

$$q^*(g, e, k, n) = p^*(n) \cdot p^*(e|n) \cdot p^*(k|n) \cdot p^*(g|e, k),$$

so gilt: $Q^* = P_{DAG}$. Es gilt somit auch die bedingte Unabhängigkeit: $E \perp K|N$. In Q^* gilt nun aber nicht: $E \perp K|\{N, G\}$. Die ursprüngliche Reihenfolge ist also wiederhergestellt.

Kapitel 5

Die Zerlegung einer gemeinsamen Verteilung

Motivation: In Kapitel 4 wurde ein iteratives Verfahren vorgestellt, mit dem zu einer Menge von probabilistischen Regeln eine Verteilung mit maximaler Entropie berechnet werden kann. Leider wächst der Rechenaufwand zur Durchführung dieser Iteration exponentiell mit der Dimension der Wahrscheinlichkeitsverteilung. Ein weiteres Problem ist die anschließende Repräsentation der Verteilung auf einem Computer. Die direkte Abspeicherung aller Einzelwahrscheinlichkeiten der W-Funktion erfordert ebenfalls einen exponentiell anwachsenden Speicherbedarf. Beide Probleme lassen sich für die meisten praktischen Anwendungsfälle effizient lösen, wenn man die hochdimensionale Verteilung in ein System von niedrigdimensionalen Randverteilungen zerlegt. Bei einer derartigen Zerlegung muß natürlich sichergestellt sein, daß alle Rechenoperationen, die auf die gemeinsame Verteilung angewendet werden, in äquivalenter Weise auf der Zerlegung durchgeführt werden können.

5.1 Ein einführendes Beispiel

Im folgenden wird zunächst anhand eines Beispiels vorgeführt, wie eine sinnvolle Aufteilung des Zustandsraums konkret durchgeführt werden kann. Dieses Beispiel wird relativ ausführlich behandelt, um die Probleme, die sich im allgemeinen Fall ergeben, deutlich herauszuarbeiten. Es seien also 4 binäre Variable X_1, X_2, X_3, X_4 sowie die folgenden Regeln als gegeben betrachtet:

$$R_1: \ (X_1 = 1) \leadsto (X_2 = 1) \quad (0.2)$$
$$R_2: \ (X_2 = 1) \ \vee \ (X_3 = 1) \quad (0.3)$$
$$R_3: \ (X_4 = 1) \leadsto (X_3 = 1) \quad (0.1)$$

Für diese Regelmenge wird nun eine Zerlegung des Zustandsraumes erzeugt, auf der die Iteration gemäß Satz 4.3 in äquivalenter Weise ausgeführt werden kann. Hierzu werden noch einmal zwei wesentliche Aussagen aus den vorherigen Kapiteln wiederholt:

1. In dem Beweis zu Satz 4.3 wurde gezeigt, daß die iterativ erzeugten Verteilungen proportional in Bezug auf die Potentiale faktorisierbar sind, d.h. für die W-Funktion p_k der gemeinsamen Verteilung gilt in jedem Schritt:

$$p_k(x) = \alpha_{0,k} \cdot \mu_k(x) = \alpha_{0,k} \cdot \prod_{i=1}^{m} \alpha_{i,k}^{a_i(x)}, \qquad (5.1)$$

2. In Lemma 3.1 wurde die bedingte Unabhängigkeit über die Existenz zweier Funktionen f und g charakterisiert; danach gilt:

$$X_A \perp X_B | X_S \iff \exists f, g : p(x_A, x_B, x_S) = f(x_A, x_S) \cdot g(x_B, x_S) \quad (5.2)$$

Für das hier betrachtete Beispiel ergibt sich aus (5.1):

$$p_k(x_1, x_2, x_3, x_4) = \underbrace{\alpha_{0,k} \cdot \alpha_{1,k}^{a_1(x_1, x_2)}}_{f(x_1, x_2)} \cdot \underbrace{\alpha_{2,k}^{a_2(x_2, x_3)} \cdot \alpha_{3,k}^{a_3(x_3, x_4)}}_{g(x_2, x_3, x_4)}$$

Mit den Funktionen f und g ergibt sich wegen (5.2) für feste Werte der $\alpha_{i,k}$ die bedingte Unabhängigkeit: $X_1 \perp \{X_3, X_4\} | X_2$. Dies ist aber wegen (3.3) äquivalent zu:

$$p_k(x_1, x_2, x_3, x_4) = \frac{p_k(x_1, x_2) \cdot p_k(x_2, x_3, x_4)}{p_k(x_2)}$$

Weiterhin gilt natürlich:

$$p_k(x_2, x_3, x_4) = \sum_{x_1} p_k(x_1, x_2, x_3, x_4)$$

$$= \underbrace{\alpha_{0,k} \cdot \alpha_{3,k}^{a_3(x_3,x_4)}}_{f(x_3,x_4)} \cdot \underbrace{\alpha_{2,k}^{a_2(x_2,x_3)} \cdot \sum_{x_1} \alpha_{1,k}^{a_1(x_1,x_2)}}_{g(x_2,x_3)}$$

Man kann also erneut (5.2) auf $p_k(x_2, x_3, x_4)$ anwenden und erhält wiederum nach (3.3):

$$p_k(x_1, x_2, x_3, x_4) = \frac{p_k(x_1, x_2) \cdot p_k(x_2, x_3) \cdot p_k(x_3, x_4)}{p_k(x_2) \cdot p_k(x_3)}, \quad \forall k \qquad (5.3)$$

Die Gleichung (5.3) beschreibt eine Zerlegung der gemeinsamen Verteilung in drei Randverteilungen.

Wegen $p_k(x) = \alpha_{0,k} \cdot \mu_k(x)$ ist (5.3) ebenfalls äquivalent zu:

$$\mu_k(x_1, x_2, x_3, x_4) = \frac{\mu_k(x_1, x_2) \cdot \mu_k(x_2, x_3) \cdot \mu_k(x_3, x_4)}{\mu_k(x_2) \cdot \mu_k(x_3)}, \quad \forall k \qquad (5.4)$$

Dabei wird für Potentialfunktionen die Notation aus Abschnitt 3.1 übernommen. Es gilt z.B. $\mu(x_1, x_2) = \sum_{x_3, x_4} \mu(x_1, x_2, x_3, x_4)$.

Man kann also jedes Potential der gemeinsamen Verteilung aus den Randpotentialen auf der rechten Seite von (5.4) erzeugen — und zwar in jedem Schritt k. Es sei nun angenommen, daß die Randpotentiale $\mu_k(x_1, x_2), \mu_k(x_2, x_3)$, sowie $\mu_k(x_3, x_4)$ für ein festes k bekannt sind (zu Beginn der Iteration ($k = 0$) ist diese Annahme problemlos). Dann kann man einen Iterationsschritt auf dem 4-dimensionalen Zustandsraum in mehrere Teilschritte auf den Rändern zerlegen. Für die erste Regel werden diese Teilschritte wie folgt definiert:

1. $\beta := \dfrac{0.2}{0.8} \dfrac{\mu_k(X_1 = 1, X_2 = 0)}{\mu_k(X_1 = 1, X_2 = 1)}$, (vgl. Abb. 4.2)

2. $\lambda_1(x_1, x_2) := \mu_k(x_1, x_2) \cdot \beta^{a_1(x_1, x_2)}$

3. $\lambda_2(x_2, x_3) := \mu_k(x_2, x_3) \cdot \dfrac{\lambda_1(x_2)}{\mu_k(x_2)}$

4. $\lambda_3(x_3, x_4) := \mu_k(x_3, x_4) \cdot \dfrac{\lambda_2(x_3)}{\mu_k(x_3)}$

Die Schritte 3 und 4 werden auch als *Propagationsschritte* bezeichnet. Die folgende Gleichungskette zeigt, daß die obigen 4 Teilschritte äquivalent zu einem Schritt in der „Originaliteration" sind, da man aus den λ_i das Gesamtpotential $\mu_{k+1}(x_1, x_2, x_3, x_4)$ berechnen kann.

$$\dfrac{\lambda_1(x_1, x_2) \cdot \lambda_2(x_2, x_3) \cdot \lambda_3(x_3, x_4)}{\lambda_1(x_2) \cdot \lambda_2(x_3)} = \qquad (5.5)$$

$$\dfrac{\mu_k(x_1, x_2) \cdot \beta^{a_1(x_1, x_2)} \cdot \mu_k(x_2, x_3) \cdot \mu_k(x_3, x_4)}{\mu_k(x_2) \cdot \mu_k(x_3)} =$$

$$\mu_k(x_1, x_2, x_3, x_4) \cdot \beta^{a_1(x_1, x_2)} = \underline{\underline{\mu_{k+1}(x_1, x_2, x_3, x_4)}}$$

Tatsächlich sind die λ_i sogar identisch mit den Randsummen von $\mu_{k+1}(x_1, x_2, x_3, x_4)$. Dies sieht man wie folgt:

$$\begin{aligned}
\mu_{k+1}(x_1, x_2) &= \sum_{x_3, x_4} \mu_{k+1}(x_1, x_2, x_3, x_4) \\
&= \beta^{a_1(x_1, x_2)} \cdot \sum_{x_3, x_4} \mu_k(x_1, x_2, x_3, x_4) \\
&= \mu_k(x_1, x_2) \cdot \beta^{a_1(x_1, x_2)} \\
&= \underline{\underline{\lambda_1(x_1, x_2)}}
\end{aligned}$$

Ebenso gilt:

$$\mu_{k+1}(x_2, x_3) = \sum_{x_1, x_4} \mu_{k+1}(x_1, x_2, x_3, x_4)$$

$$= \dfrac{\mu_k(x_2, x_3)}{\mu_k(x_2) \cdot \mu_k(x_3)} \cdot \sum_{x_1, x_4} (\mu_k(x_1, x_2) \cdot \beta^{a_1(x_1, x_2)} \cdot \mu_k(x_3, x_4))$$

$$= \dfrac{\mu_k(x_2, x_3)}{\mu_k(x_2) \cdot \mu_k(x_3)} \cdot \sum_{x_1} (\mu_k(x_1, x_2) \cdot \beta^{a_1(x_1, x_2)}) \cdot \sum_{x_4} \mu_k(x_3, x_4)$$

$$= \dfrac{\mu_k(x_2, x_3)}{\mu_k(x_2) \cdot \mu_k(x_3)} \cdot \lambda_1(x_2) \cdot \mu_k(x_3) = \underline{\underline{\lambda_2(x_2, x_3)}}$$

Auf ähnliche Weise läßt sich auch die Identität: $\mu_{k+1}(x_3, x_4) = \lambda_3(x_3, x_4)$ beweisen.

Der noch fehlende Wert $\alpha_{1,k+1}$ für die erste Regel kann gemäß $\alpha_{1,k+1} := \alpha_{1,k} \cdot \beta$ berechnet werden.
Bisher ist also gezeigt:

1. Die Durchführung der 4 Teilschritte auf den Rändern und anschließende Multiplikation gemäß (5.5) liefert dasselbe Ergebnis wie ein Schritt im „großen" Zustandsraum.

2. Die Potentiale λ_i auf den Rändern sind „verzögert" identisch mit den Randsummen von $\mu_{k+1}(x_1, x_2, x_3, x_4)$, d.h. in den Schritten 2,3 und 4 werden sukzessive die Randpotentiale von μ_{k+1} berechnet.

Die zweite Aussage liefert eine Möglichkeit zur weiteren Effizienzsteigerung. In den Schritten 3 und 4 werden die geänderten Potentiale in der *Reihenfolge* $(x_1, x_2) \rightarrow (x_2, x_3) \rightarrow (x_3, x_4)$ propagiert. Bei der nächsten (zweiten) Regel wird zunächst β aus $\mu_{k+1}(x_2, x_3) \equiv \lambda_2(x_2, x_3)$ berechnet und danach die Änderung in die Richtungen $(x_1, x_2) \leftarrow (x_2, x_3) \rightarrow (x_3, x_4)$ propagiert. Da die Werte $\lambda_2(x_2, x_3)$ bereits *nach* Schritt 3 der 1. Regel bekannt sind, kann man diesen Schritt erweitern und den Faktor $\beta^{a_2(x_2, x_3)}$ noch *vor* Schritt 4 ausrechnen. Eine graphische Darstellung dieser Idee ist durch die folgende Abbildung gegeben:

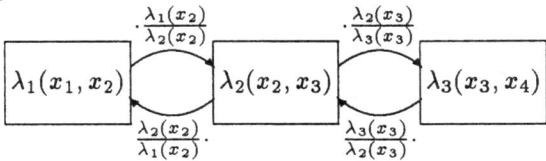

Die Rechtecke sollen Tabellen symbolisieren, in denen die Potentiale λ_i gespeichert sind. Die Tabellen werden zu Beginn mit den Randpotentialen der gemeinsamen Verteilung initialisiert:

$$\lambda_1(x_1, x_2) := \mu_k(x_1, x_2), \ \lambda_2(x_2, x_3) := \mu_k(x_2, x_3), \ \lambda_3(x_3, x_4) := \mu_k(x_3, x_4)$$

Danach kann beispielsweise für die erste Regel (linkes Rechteck) der Wert von β berechnet werden. Aus β wird $\alpha_{1,k+1} = \alpha_{1,k} \cdot \beta$ sowie die neuen Potentiale $\lambda_1(x_1, x_2)$ berechnet. Aus den Potentialen wird durch Summation das Randpotential $\lambda_1(x_2)$ ermittelt und der Quotient $\frac{\lambda_1(x_2)}{\lambda_2(x_2)}$ in Pfeilrichtung an den Nachbarn $\lambda_2(x_2,x_3)$ anmultipliziert. Danach gilt: $\lambda_2(x_2,x_3) \equiv \mu_{k+1}(x_2,x_3)$, d.h. man kann die Hilfsgröße β für die zweite Regel berechnen etc...

Bricht man die Iteration nach m Schritten ab, so können die letzten geänderten Potentiale in zwei Schritten an die beiden anderen Potentialfunktionen anmultipliziert werden. Danach gilt schließlich:

$$\begin{aligned}\lambda_1(x_1,x_2) &= \mu_{k+m}(x_1,x_2),\\ \lambda_2(x_2,x_3) &= \mu_{k+m}(x_2,x_3),\\ \lambda_3(x_3,x_4) &= \mu_{k+m}(x_3,x_4)\end{aligned}$$

Es ist offensichtlich, daß die vorgeführte Zerlegung eine erhebliche Ersparnis an Rechenzeit und Speicherkapazität ermöglicht. Die theoretische Basis für die Zerlegung liefert das Lemma 3.1, mit dem eine Menge von Variablen sukzessive durch paarweises Gruppieren zerlegt werden kann. Für den hier betrachteten Spezialfall konnte das Lemma sogar zweimal angewendet werden. Die wiederholte Anwendung führte zu einer *vollständigen* Zerlegung, d.h. die Teilmengen der Zerlegung sind identisch mit den in einer Regel enthaltenen Variablen. Im allgemeinen ist dies nicht der Fall, wie die folgende Erweiterung zeigt:

$$R_4: \quad (X_4 = 1) \leadsto (X_1 = 1) \quad (0.6)$$

Ein ähnliche Vorgehensweise wie oben liefert zunächst die folgende Faktorisierung:

$$p_k(x_1,x_2,x_3,x_4) = \underbrace{\alpha_{0,k} \cdot \alpha_{1,k}^{a_1(x_1,x_2)} \cdot \alpha_{2,k}^{a_2(x_2,x_3)}}_{f(x_1,x_2,x_3)} \cdot \underbrace{\alpha_{3,k}^{a_3(x_3,x_4)} \cdot \alpha_{4,k}^{a_4(x_1,x_4)}}_{g(x_1,x_3,x_4)} \quad (5.6)$$

Mit den Funktionen f und g ergibt sich also die folgende bedingte Unabhängigkeit:

$$X_2 \perp X_4 | \{X_1, X_3\} \iff p(x_1,x_2,x_3,x_4) = \frac{p(x_1,x_2,x_3) \cdot p(x_1,x_3,x_4)}{p(x_1,x_3)}$$

Zu den Randverteilungen $p(x_1,x_2,x_3)$ bzw. $p(x_1,x_3,x_4)$ lassen sich keine geeigneten Funktionen f und g mehr definieren, d.h. für die Regeln $R_1,\ldots,R_4$

ist es nicht möglich, eine Zerlegung in Randverteilungen zu finden, die weniger als 3 Variable enthalten. Die gemeinsame Verteilung sollte natürlich in möglichst kleine Randverteilungen zerlegt werden, da die Einsparung an Rechenzeit und Speicherplatz von der Anzahl der Konfigurationen auf den Rändern abhängt. Es ist allerdings noch unklar, wie diese Zerlegung systematisch durchgeführt und formal beschrieben werden kann. Dies ist Gegenstand der weiteren Ausführungen.

5.2 Regeln, Hypergraphen und Bäume

In diesem Abschnitt werden einige Grundlagen aus der Theorie der Hypergraphen bereitgestellt. Die folgenden Begriffe, Sätze und Verfahren dienen als Vorbereitung für den Abschnitt 5.3, in dem die Iteration in einer zerlegten Verteilung für beliebige Regelmengen beschrieben wird.

5.2.1 Regelmengen und Hypergraphen

Allgemein versteht man unter einem Hypergraphen ein überdeckendes System von Teilmengen einer endlichen Grundmenge. Eine genaue Definition lautet:

Definition 5.1 *Das Paar $(V, \mathcal{E})$, wobei V eine endliche Menge und $\mathcal{E}$ ein System von Teilmengen von V ist, wird als <u>Hypergraph</u> bezeichnet. Die Elemente von V heißen <u>Knoten</u>, die Elemente von $\mathcal{E}$ werden als <u>Hyperkanten</u> bezeichnet.*

Bemerkung 5.1 Ein Hypergraph mit $|E| = 2, \forall E \in \mathcal{E}$ ist offensichtlich ein „normaler" Graph.

Einer Regelmenge kann man einen Hypergraphen zuordnen, indem alle in einer Regel enthaltenen Variablen durch eine gemeinsame Hyperkante verbunden werden. Von besonderer Bedeutung sind dabei Hypergraphen, deren Hyperkanten keine Zyklen bilden, also azyklische Hypergraphen.

R_1 : $\quad\quad\quad (N = 0) \leadsto (K = 1)$ (0.4)
R_2 : $\quad\quad\quad (N = 1) \leadsto (K = 1)$ (0.8)
R_3 : $(E = 0) \land (K = 1) \leadsto (G = 1)$ (0.1)
R_4 : $(N = 1) \land (D = 1) \leadsto (E = 1)$ (0.9)
R_5 : $(N = 0) \land (D = 0) \leadsto (E = 1)$ (0.2)
R_6 : $\quad\quad\quad (N = 1) \leadsto (D = 1)$ (0.7)

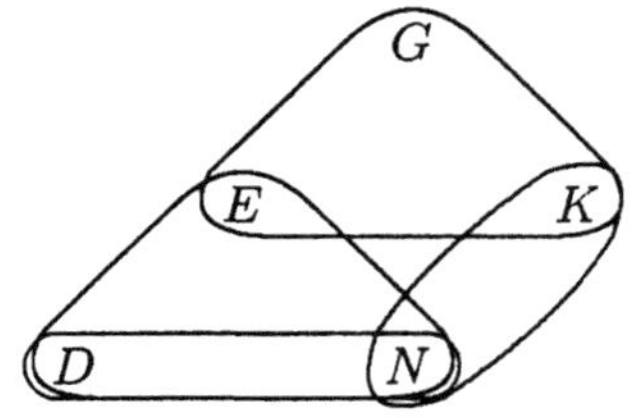

Abb. 5.1: Eine Regelmenge sowie der zugehörige Hypergraph

Definition 5.2 *Ein Hypergraph heißt azyklisch, wenn die Hyperkanten die sogenannte running intersection property (r.i.p.) besitzen, d.h. wenn es eine Indizierung der Hyperkanten $E \in \mathcal{E}$ gibt, so daß gilt:*

$$\forall j > 1 : \exists i < j : E_j \cap (E_1 \cup \ldots \cup E_{j-1}) \subseteq E_i \quad (5.7)$$

Ein azyklischer Hypergraph wird auch als Hyperbaum bezeichnet.[1]

An späterer Stelle wird gezeigt, daß die azyklischen Hypergraphen gerade diejenigen Hypergraphen sind, die durch fortgesetztes „paarweises Gruppieren" vollständig zerlegt werden können.

Beispiel 5.1 Gegeben seien 5 binäre Variable $\{G, E, K, D, N\}$ sowie die Regeln in Abb. 5.1. Der zugehörige Hypergraph ist dann:

$$V = \{G, E, K, D, N\}$$
$$\mathcal{E} = \{\{D, N\}, \{K, N\}, \{E, D, N\}, \{G, E, K\}\}$$

Man sieht (nach längerem Hinschauen), daß es keine Numerierung der Hyperkanten gibt, die die r.i.p. erfüllt. Der Hypergraph ist also kein Hyperbaum.

5.2.2 Prüfung eines Hypergraphen auf Zyklenfreiheit

Eine direkte Prüfung der Hyperkanten auf die r.i.p. ist im allgemeinen ziemlich aufwendig, da alle möglichen Indizierungen getestet werden müssen. Es

---
[1]siehe auch Kruse et.al. [45], S. 182ff.

werden nun zwei Verfahren vorgestellt, mit denen der Aufwand zur Prüfung auf Zyklenfreiheit erheblich reduziert werden kann. Das erste Verfahren ist der sogenannte *Algorithmus von Graham* [26]:

Wiederhole

1. *Entferne alle Knoten, die in genau einer Hyperkante enthalten sind.*
2. *Entferne alle Hyperkanten, die vollständig in einer anderen Hyperkante enthalten sind.*

Solange, bis die sukzessive Anwendung der Schritte den Hypergraphen nicht mehr verändert.

Für dieses Verfahren läßt sich zeigen:

Satz 5.1 (Graham) *Ein Hypergraph ist genau dann azyklisch, wenn der Algorithmus von Graham mit einem leeren Hypergraphen ohne Knoten und Kanten terminiert.*

Der Algorithmus von Graham ist zwar einerseits relativ „durchsichtig", andererseits wächst der Rechenaufwand quadratisch mit der Anzahl der Hyperkanten, da in jedem Schritt eine Teilmengen-Eigenschaft überprüft werden muß. Ein Verfahren mit linearem Aufwand $\mathcal{O}(|V| + |\mathcal{E}|)$ ist von Tarjan & Yannakakis [89] entwickelt worden. Dabei werden alle Knoten gemäß der folgenden <u>M</u>aximum <u>C</u>ardinality <u>S</u>earch *(MCS)* numeriert:

1. *Wähle eine beliebige Hyperkante E und einen beliebigen Knoten $v \in E$ und ordne beiden Objekten den Index 1 zu. Numeriere alle weiteren Knoten aus E_1 in aufsteigender Reihenfolge.*

2. *Wiederhole*

   Wähle als nächste zu numerierende Hyperkante diejenige, die von allen Hyperkanten eine Maximalzahl von bereits indizierten Knoten enthält. Numeriere deren Knoten weiter aufwärts.

   Solange, bis alle Knoten und Hyperkanten einen eindeutigen Index besitzen.

Die Bedeutung der *MCS*-Numerierung liegt in dem folgenden Satz:

Satz 5.2 (Tarjan & Yannakakis) *Der Hypergraph $(V, \mathcal{E})$ ist genau dann azyklisch, wenn die r.i.p. in Bezug auf die MCS-Numerierung erfüllt ist.*

Bemerkung 5.2 Ohne den obigen Satz sind bei einem Hypergraphen mit k Hyperkanten im schlechtesten Fall alle $k!$ möglichen Indizierungen zu prüfen, bis man letztlich feststellt, daß der Hypergraph kein Hyperbaum ist.

Beide Verfahren sollen noch einmal anhand des obigen Beispiels verdeutlicht werden:

Fortsetzung von Beispiel 5.1 Wendet man den Algorithmus von Graham auf den Hypergraphen $(V, \mathcal{E})$ aus Beispiel 5.1 an, so ergibt sich in zwei Schritten:

$$\mathcal{E}_0 = \{\{D, N\}, \{K, N\}, \{E, D, N\}, \{G, E, K\}\}$$
$$\mathcal{E}_1 = \{\{K, N\}, \{E, D, N\}, \{E, K\}\}$$
$$\mathcal{E}_2 = \{\{K, N\}, \{E, N\}, \{E, K\}\}$$

Wendet man das Verfahren von Tarjan & Yannakakis an, so ergibt sich bei einem Start mit der Hyperkante $\{D, N\}$ und dem Knoten N die folgende *MCS*-Numerierung:

$$V = \{G_5, E_3, K_4, D_2, N_1\}$$
$$\mathcal{E} = \{\{D, N\}_1, \{E, D, N\}_2, \{K, N\}_3, \{G, E, K\}_4\}$$

Die Schnittmenge $\{G, E, K\} \cap (\{D, N\} \cup \{E, D, N\} \cup \{K, N\})$ ist in keiner Hyperkante vollständig enthalten. Beide Verfahren liefern also das (bereits bekannte) Ergebnis, daß der Hypergraph kein Hyperbaum ist.

Die Prüfung eines Hypergraphen auf Zyklenfreiheit läßt sich also sehr effizient durchführen. Falls die Prüfung negativ ausfällt, soll für den Hypergraphen $(V, \mathcal{E})$ ein überdeckender Hyperbaum $(V, \mathcal{U})$ *erzeugt* werden. Die Erzeugung von überdeckenden Hyperbäumen hat zum Ziel, das in dem einführenden Beispiel vorgeführte „paarweise Gruppieren" systematisch durchzuführen. Jede Hyperkante soll genau eine Teilmenge der Variablen definieren, auf der eine Randverteilung gebildet wird. Bei Wahlfreiheit verschiedener überdeckender Hyperbäume ist es dann sinnvoll, die Summe aller Konfigurationen über alle Hyperkanten zu minimieren.

5.2.3 Erzeugung von überdeckenden Hyperbäumen

In diesem Abschnitt wird das folgende Problem betrachtet:

Gegeben ist ein beliebiger Hypergraph $H = (V, \mathcal{E})$, dessen Knoten $v \in V$ ein Gewicht $g(v)$ zugeordnet ist.

Gesucht ist ein überdeckender Hyperbaum $(V, \mathcal{U})$ mit:

$$\sum_{U \in \mathcal{U}} \prod_{v \in U} g(v) \to \min!$$

s.t. (MINCOVER)

$$\forall E \in \mathcal{E} : \exists U \in \mathcal{U} : E \subseteq U$$

Das Problem (MINCOVER) ist NP-vollständig (siehe Wen [93]), so daß die Anwendung von heuristischen Verfahren zur näherungsweisen Lösung gerechtfertigt erscheint. Als sehr effizient haben sich die sog. *Fill-In* Verfahren erwiesen, die ihren Ursprung in der Graphentheorie haben. Die Verfahren lassen sich auf Hypergraphen übertragen, wenn man aus dem Hypergraphen H einen Schnittgraphen H_S erzeugt. Der Graph H_S enthält dieselben Knoten wie H. Zwischen zwei Knoten verläuft genau dann eine Kante, wenn es eine Hyperkante gibt, die beide Knoten enthält.

Interpretiert man die Cliquen des Schnittgraphen H_S nun wiederum als Hyperkanten, so kann es passieren, daß dem Hypergraphen H hierdurch zusätzlich neue Hyperkanten hinzugefügt werden — es sei denn, jede Clique des Schnittgraphen ist vollständig in einer Hyperkante von H enthalten. In diesem Fall wird der Hypergraph als *konformal* bezeichnet.[2]
Das Grundprinzip aller *Fill-In* Verfahren ist nun wie folgt:

1. Es wird zunächst eine Numerierung $\{v_1, \ldots, v_n\}$ der Knoten von H_S erzeugt.

2. Danach wird für jeden Knoten v_j die Menge der „kleineren Nachbarn" $\{v_i | (v_i, v_j) \in E, i < j\}$ nachträglich vollständig verbunden, falls diese keinen vollständigen Teilgraphen bilden.

---
[2] vgl. hierzu auch Berge [7], S. 391ff.

Die Menge der hinzugefügten Kanten F wird auch als *Fill-In* von H_S bezeichnet. Für den aufgefüllten Graphen läßt sich zeigen (siehe Neapolitan [63], S. 103):

Satz 5.3 *Ist $G = (V, E \cup F)$ ein ungerichteter Graph mit Fill-In F gemäß Schritt 2, so gilt:*

1. *Die Cliquen von G können gemäß der r.i.p. indiziert werden.*

2. *Zu jeder Clique C von G gibt es einen Knoten $v_j \in V$ mit: $C = cl(v_j) \cap \{v_1, \ldots, v_j\}$*

Ist also $C_j := cl(v_j) \cap \{v_1, \ldots, v_j\}$ die Menge der kleineren Nachbarn von v_j, so ist $(V, \{C_1, \ldots, C_n\})$ ein überdeckender Hyperbaum von $(V, \mathcal{E})$. Der erzeugte Hyperbaum ist im allgemeinen nicht *reduziert*, d.h. es gibt Hyperkanten, die echte Teilmengen einer anderen Hyperkante sind. Diese lassen sich aber leicht ermitteln und entfernen.

Beispiel 5.2 In Abbildung 5.2 sind einige überdeckende Hyperbäume erzeugt worden. Die Hyperbäume ergeben sich aus den folgenden Numerierungen:

1. $\{G_4, E_2, K_5, D_1, N_3\}$ (oben rechts)

2. $\{G_5, E_3, K_4, D_1, N_2\}$ (mitte rechts)

3. $\{G_5, E_2, K_3, D_1, N_4\}$ (unten rechts)

Anhand des obigen Beispiels erkennt man, daß das Ergebnis eines *Fill-In* Verfahrens stark von der Indizierung der Knoten im ersten Schritt abhängig ist. Als praktisch sehr effizient haben sich die folgenden drei Greedy-Verfahren zur Numerierung des jeweils nächsten Knoten erwiesen:

Minimum Clique Fill-In Wähle denjenigen nichtnumerierten Knoten, für den zur Vervollständigung seiner Clique am wenigsten zusätzliche Kanten nötig wären.

Minimum Clique Size Wähle denjenigen nichtnumerierten Knoten, für den nach Verbinden der Nachbarn eine Clique mit minimaler Anzahl von Knoten enstehen würde.

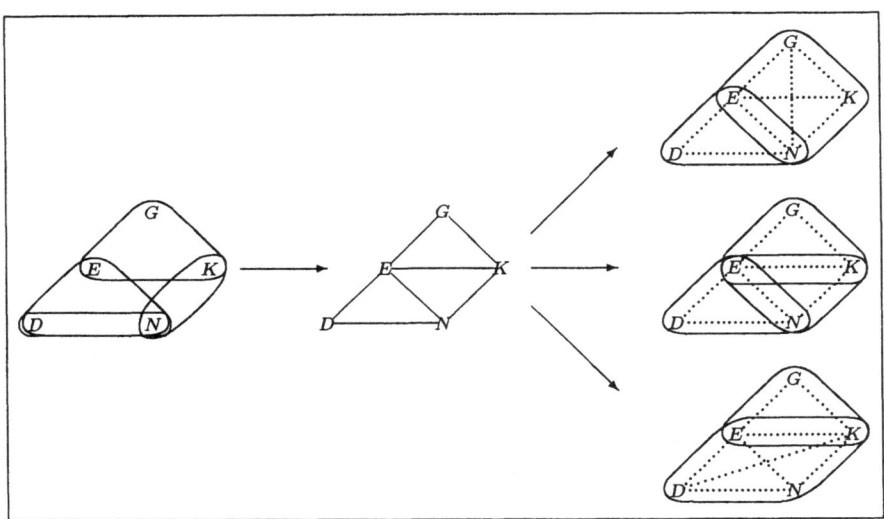

Abb. 5.2: Von H über H_S zu verschiedenen Hyperbäumen

Minimum Clique Weight Wähle denjenigen nichtnumerierten Knoten, für den nach Verbinden der Nachbarn eine Clique mit minimalem Gewicht entstehen würde.

Die obigen drei Vorschriften (und noch einige mehr) sind von Kjaerulff [42] ausgiebig getestet worden. Die Ergebnisse sind im Anhang auf S. 136 zitiert.

Exkurs: Triangulierte und zerlegbare Graphen

Azyklische Hypergraphen finden auch außerhalb der hier betrachteten Problemstellung zahlreiche Anwendungen. Von den diversen äquivalenten Charakterisierungen, mit denen Hyperbäume beschrieben werden können, werden noch zwei interessante Formulierungen vorgestellt.

Definition 5.3 *Ein ungerichteter Graph heißt triianguliert, wenn jeder Zyklus mit einer Länge $n \geq 4$ eine Sehne besitzt, d.h. je zwei nicht benachbarte Knoten des Zyklus durch eine Kante verbunden sind.*

Bemerkung 5.3 Der Begriff trianguliert bedeutet *nicht*, daß der Graph „nur aus Dreiecken" besteht. In der nebenstehenden Abbildung finden sich einige Beispiele für triangulierte (oben) und nicht triangulierte (unten) Graphen.

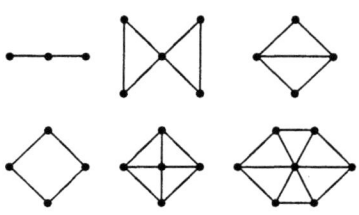

Der Zusammenhang zwischen triangulierten Graphen und Hyperbäumen ergibt sich aus dem folgenden Satz (siehe Tarjan & Yannakakis [89]):

Satz 5.4 *Ein Hypergraph H ist genau dann azyklisch, wenn er konformal und H_S trianguliert ist.*

Eine weitere Möglichkeit zur Charakterisierung von azyklischen Hypergraphen bieten die *zerlegbaren* Graphen. Diese werden rekursiv durch die beiden folgenden Definitionen erklärt:

Definition 5.4 *Zwei Teilmengen $A, B \subseteq V$ von Knoten eines Graphen $G = (V, E)$ bilden eine <u>Zerlegung</u>, wenn $V = A \cup B$ gilt, $G_{A \cap B}$ vollständig ist, und $A \cap B$ die Knotenmengen $A \setminus B$ sowie $B \setminus A$ trennt. Die induzierten Graphen G_A bzw. G_B heißen dann die <u>Komponenten</u> von G.*

Definition 5.5 *Ein Graph G heißt <u>zerlegbar</u>, wenn er vollständig ist oder wenn eine Zerlegung $\{A, B\}$ in zwei Komponenten G_A und G_B existiert.*

Auch hier ergibt sich der Zusammenhang mit Hyperbäumen aus dem folgenden Satz (siehe z.B. Hájek et.al. [28], S. 46):

Satz 5.5 *Ein Graph ist genau dann zerlegbar, wenn er trianguliert ist.*

Das in dem einführenden Beispiel durchgeführte paarweise Gruppieren ist also vergleichbar mit der Zerlegung des Schnittgraphen. Für einen azyklischen Hypergraphen führt dieser Prozeß schließlich auf eine vollständige Zerlegung des Schnittgraphen in seine Cliquen.

Beispiel 5.3 Der in Abb. 5.3 (links) dargestellte Hypergraph H besitzt einen Schnittgraphen H_S, der bereits trianguliert und damit auch zerlegbar ist. Dennoch ist H kein Hyperbaum, da H nicht konformal ist.

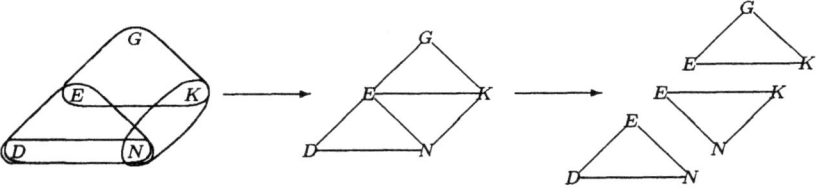

Abb. 5.3: Erzeugung und Zerlegung von H_S aus einem Hypergraphen H

5.2.4 Hyperbäume und Verbindungsbäume

Mit Hilfe der *Fill-In* Verfahren kann man jedem Hypergraphen einen (nahoptimalen) überdeckenden Hyperbaum zuordnen. Dennoch ist der erzeugte Hyperbaum noch nicht direkt zur Repräsentation des zerlegten Zustandsraums geeignet. Insbesondere sind zwei wesentliche Eigenschaften eines „normalen" Baumes anhand der Überdeckung nicht unmittelbar zu erkennen:

1. Es ist noch kein eindeutiger Weg zwischen zwei Knotenmengen erklärt.

2. Jeder Baum verfügt über Extremalknoten (Blätter). Es ist bisher noch unklar, welche Knotenmengen als Blätter in Frage kommen.

Es wird nun einem Hyperbaum ein einfacher Graph (Baum) zugeordnet, aus dem sich diese Eigenschaften direkt ablesen lassen.

Definition 5.6 *Es sei H ein Hypergraph. Der* Verbindungsgraph *(Junction-Graph) $J(H)$ enthält als Knoten die Hyperkanten von H. Zwischen zwei Knoten verläuft genau dann eine Kante, wenn die zugehörigen Hyperkanten einen nichtleeren Schnitt besitzen.*

Bemerkung 5.4 Der Verbindungsgraph ist eigentlich ein „Hyper-Hypergraph", da *sowohl* den Knoten *als auch* den Kanten elementare Knoten zugeordnet sind.

Zeichnet man den Verbindungsgraphen eines Hyperbaums, so besitzt dieser im allgemeinen noch Zyklen (siehe auch Abb. 5.4). Die Zyklen können eliminiert werden, indem man einen spannenden Baum aus $J(H)$ erzeugt. Diese Idee führt auf die folgende Definition:

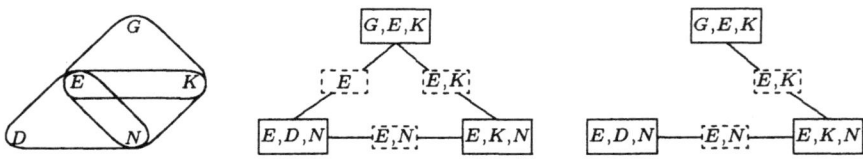

Abb. 5.4: Vom Hyperbaum über den Verbindungsgraphen zum Verbindungsbaum

Definition 5.7 *Es sei $J(H)$ der Verbindungsgraph eines Hypergraphen H. Ein spannender Baum $(\mathcal{V}, \mathcal{S})$ von $J(H)$ heißt* <u>Verbindungsbaum</u> *(Junction-Tree), wenn für jedes Knotenpaar $V, W \in \mathcal{V}$ der Schnitt $V \cap W \in \mathcal{S}$ in allen Knoten auf einem Pfad zwischen V und W enthalten ist.*

Der folgende Satz liefert die Zusammenhänge zwischen Hyperbäumen und Verbindungsbäumen.

Satz 5.6 (Jensen) *Ein Hypergraph ist genau dann azyklisch, wenn der Verbindungsgraph einen Verbindungsbaum besitzt.*

Für einen Hyperbaum existiert zwar immer ein Verbindungsbaum — dieser muß aber nicht eindeutig sein. Ein mögliches Verfahren zur Erzeugung eines Verbindungsbaumes ist von Jensen [36] entwickelt worden:

1. *Erzeuge einen Verbindungsgraphen $J(H)$ und ordne jeder Kante (V, W) als Gewicht die Anzahl aller Knoten der Schnittmenge $S := V \cap W$ zu.*

2. *Erzeuge einen maximal aufspannenden Baum für den bewerteten Verbindungsgraphen (z.B. mit dem Algorithmus von Kruskal).*

Der folgende Satz zeigt, daß dieses Verfahren immer einen Verbindungsbaum liefert:[3]

Satz 5.7 *Ein spannender Baum für einen Verbindungsgraphen ist genau dann ein Verbindungsbaum, wenn der Baum ein maximal aufspannender Baum ist.*

---

[3]siehe z.B. Jensen & Jensen [36], Theorem 1.

Das oben beschriebene Verfahren liefert nur eine Möglichkeit zur Erzeugung eines Verbindungsbaumes. Ähnlich wie bei den Hyperbäumen existieren auch für Verbindungsbäume weitere Konstruktionsverfahren. Diese besitzen aber für die hier betrachtete Problemstellung keine Relevanz (siehe z.B. Shenoy [82]).

Beispiel 5.4 Der in Abb. 5.4 (links) dargestellte Hypergraph ist azyklisch, da der zugehörige Verbindungsgraph einen Verbindungsbaum besitzt. Zwischen den Blättern $\{G, E, K\}$ und $\{E, D, N\}$ verläuft ein eindeutiger Weg über die Knotenmenge $\{E, K, N\}$.

5.2.5 Zusammenfassung der bisherigen Ergebnisse

Bisher wurden die folgenden Aussagen gezeigt, die nun nochmals zusammengefaßt werden:

1. Aus einer Regelmenge läßt sich ein Hypergraph erzeugen, indem die Variablen in einer Regel durch eine gemeinsame Hyperkante verbunden werden.

2. Der erzeugte Hypergraph ist im allgemeinen nicht azyklisch, kann aber durch einen Hyperbaum überdeckt werden. Sowohl die Prüfung auf Zyklenfreiheit als auch die Erzeugung von überdeckenden Hyperbäumen ist effizient durchführbar.

3. Für einen Hypergraphen sind die folgenden Aussagen äquivalent:

    (a) Der Hypergraph H ist azyklisch.

    (b) Der Algorithmus von Graham angewandt auf H terminiert mit dem leeren Hypergraphen.

    (c) Die Hyperkanten von H erfüllen die r.i.p. bzgl. der MCS-Numerierung.

    (d) H ist konformal und H_2 ist trianguliert.

    (e) H ist konformal und H_2 ist zerlegbar.

    (f) Der Verbindungsgraph $J(H)$ besitzt einen Verbindungsbaum.

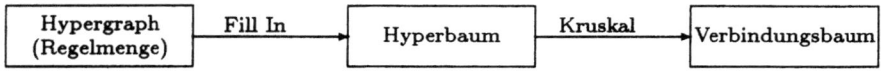

Abb. 5.5: Von der Regelmenge zum Verbindungsbaum

4. Jedem Hyperbaum kann man einen Verbindungsbaum zuordnen. Auch diese Zuordnung ist algorithmisch effizient durchführbar.

In Abb. 5.5 ist der bisherige Weg von einer Regelmenge zu einem Verbindungsbaum dargestellt.

5.3 Propagation und Iteration im Verbindungsbaum

In diesem Abschnitt wird die Durchführung der Potentialiteration auf einer zerlegten Verteilung für eine allgemeine Regelmenge beschrieben. Dabei orientiert sich die Darstellung an der Vorgehensweise des in Abschnitt 5.1 vorgelegten Beispiels:

1. Es wird zunächst ein allgemeiner Zerlegungssatz formuliert, in dem gezeigt wird, wie eine faktorisierte gemeinsame Verteilung durch ein System von Randverteilungen auf einem Verbindungsbaum repräsentiert werden kann.

2. Danach werden als wesentliche Rechenanweisungen die lokale und die globale Propagation auf einem Verbindungsbaum eingeführt.

3. Schließlich wird die Potentialiteration auf dem Verbindungsbaum behandelt.

5.3.1 Ein allgemeiner Zerlegungssatz

Im folgenden wird eine Regelmenge $\mathcal{R} = \{R_1, \ldots, R_m\}$ über dem Zustandsraum $\mathcal{X}$ als gegeben betrachtet. Der Regelmenge sei ein Hypergraph H

zugeordnet, dessen Hyperkanten durch die Regeln erzeugt sind. Es wird zunächst gezeigt, daß die in Satz 4.3 erzeugte Folge von W-Verteilungen in Bezug auf H faktorisierbar ist.

Für die gemäß (4.7) erzeugte Folge von W-Funktionen p_k gilt wegen (4.11):

$$p_k(x) = \alpha_{0,k} \cdot \prod_{i=1}^{m} \alpha_{i,k}^{a_i(x_{R_i})}, \forall k$$

Mit $f_{R_i}(x_{R_i}) := \alpha_{i,k}^{a_i(x_{R_i})}$ ist die in der Iteration gemäß Satz 4.3 erzeugte W-Funktion p_k für festes $\alpha_{i,k}$ ein Produkt von Potentialfunktionen, also:

$$p_k(x) = \alpha_{0,k} \cdot \prod_{R \in \mathcal{R}} f_R(x_R), \forall k, \quad (5.8)$$

wobei der Index i weggelassen wurde, da die Reihenfolge der Faktoren unerheblich ist. Ordnet man nun den Normierungsfaktor $\alpha_{0,k}$ einer beliebigen Funktion f_R zu, so beschreibt die Gleichung (5.8) eine Faktorisierung gemäß Def. 3.2 in Bezug auf den Hypergraphen H. Für diese Faktorisierung wird im folgenden ein allgemeiner Zerlegungssatz bewiesen:

Satz 5.8 *Es sei $\mathcal{R}$ eine Regelmenge und H der zugehörige Hypergraph. Weiterhin sei P eine gemeinsame Verteilung der Zufallsvariablen $X_1, \ldots, X_n$, die in Bezug auf $\mathcal{R}$ faktorisierbar ist:*

$$p(x) = \prod_{R \in \mathcal{R}} f_R(x_R) \quad (5.9)$$

Ist dann $(\mathcal{V}, \mathcal{S})$ ein überdeckender Verbindungsbaum von H, so läßt sich die gemeinsame Verteilung in ein Produkt von Randverteilungen gemäß (5.10) zerlegen:

$$p(x) = \frac{\prod_{V \in \mathcal{V}} p(x_V)}{\prod_{S \in \mathcal{S}} p(x_S)} \quad (5.10)$$

Beweis: Es sei $V \in \mathcal{V}$ ein beliebiges Blatt (Extremalknoten) des Verbindungsbaums. Da $(\mathcal{V}, \mathcal{S})$ den Hypergraphen H überdeckt, ist jede Hyperkante (Regel) $R \in \mathcal{R}$ entweder in V oder in $\mathcal{V} \setminus V$ vollständig enthalten. Das

Produkt in Gleichung (5.9) läßt sich also in zwei Faktoren zerlegen:

$$p(x) = \prod_{R \in V} f_R(x_R) \prod_{R \in \mathcal{V} \setminus V} f_R(x_R)$$

Definiert man nun zwei Funktionen f^* und g^* gemäß:

1. $f^*(x_{V \setminus S}, x_S) := \prod_{R \in V} f_R(x_R)$

2. $g^*(x_{\mathcal{V} \setminus V}, x_S) := \prod_{R \in \mathcal{V} \setminus V} f_R(x_R)$,

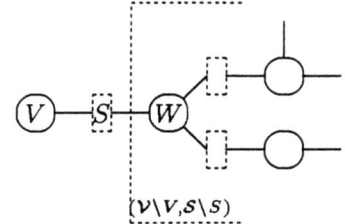

so gilt wegen Lemma 3.1 die bedingte Unabhängigkeit: $X_{V \setminus S} \perp X_{\mathcal{V} \setminus V} | X_S$. Wegen $X_{(V \setminus S) \cup S} = X_V$ bzw. $X_{(\mathcal{V} \setminus V) \cup S} = X_{\mathcal{V} \setminus V}$ und wegen (3.3) läßt sich die gemeinsame Verteilung also wie folgt zerlegen:

$$p(x) = \frac{p(x_{\mathcal{V} \setminus V}) \cdot p(x_V)}{p(x_S)}$$

Für die Randverteilung der Variablen $X_{\mathcal{V} \setminus V}$ ist $(\mathcal{V} \setminus V, \mathcal{S} \setminus S)$ ein überdeckender Verbindungsbaum mit $|\mathcal{V}| - 1$ Knoten. Die behauptete Zerlegung gemäß (5.10) ergibt sich also nach $|\mathcal{V}|$ Schritten. ∎

Zur Erläuterung des obigen Satzes wird noch einmal das Beispiel 5.1 aufgegriffen:

Fortsetzung von Beispiel 5.1 In Abb. 5.1 (Seite 84) sind 6 Regeln auf der Variablenmenge $\{G, E, K, D, N\}$ formuliert. Für die W-Funktion $p_k(x)$ gilt somit in jedem Iterationsschritt:

$p_k(g, e, k, d, n)$
$= \alpha_{0,k} \cdot \underbrace{\alpha_{1,k}^{a_1(k,n)} \cdot \alpha_{2,k}^{a_2(k,n)}}_{f_{KN}(k,n)} \cdot \underbrace{\alpha_{3,k}^{a_3(g,e,k)}}_{f_{GEK}(g,e,k)} \cdot \underbrace{\alpha_{4,k}^{a_4(e,d,n)} \cdot \alpha_{5,k}^{a_5(e,d,n)} \cdot \alpha_{6,k}^{a_6(d,n)}}_{f_{EDN}(e,d,n)}$

$\Longrightarrow p_k(g, e, k, d, n) = f_{KN}(k,n) \cdot f_{GEK}(g,e,k) \cdot f_{EDN}(e,d,n)$

Abgesehen von der trivialen Überdeckung gibt es drei überdeckende Hyperbäume des Hypergraphen (siehe auch Abb. 5.2, S. 89). Wegen Satz 5.8 kann man die Verteilungen P_k daher auf 3 Arten in Randverteilungen auf den Knoten des Verbindungsbaums faktorisieren:

$$p_k(g,e,k,d,n)$$
$$= \frac{p_k(g,e,k,n) \cdot p_k(e,d,n)}{p_k(e,n)}$$
$$= \frac{p_k(g,e,k) \cdot p_k(e,k,n) \cdot p_k(e,d,n)}{p_k(e,k) \cdot p_k(e,n)}$$
$$= \frac{p_k(g,e,k) \cdot p_k(e,k,d,n)}{p_k(e,n)}$$

$(GEKDN)$

$(GEKN)\!-\!(EN)\!-\!(EDN)$

$(GEK)\!-\!(EK)\!-\!(EKN)\!-\!(EN)\!-\!(EDN)$

$(GEK)\!-\!(EN)\!-\!(EKDN)$

5.3.2 Propagationen im Verbindungsbaum

Mit Satz 5.8 wurde gezeigt, daß eine faktorisierbare Verteilung auf einem überdeckenden Verbindungsbaum in ihre Randverteilungen zerlegbar ist. Bei der praktischen Implementierung genügt es also zur Repräsentation der Verteilung anstelle einer sehr großen Tabelle lediglich mehrere kleine Tabellen mit wenigen Einträgen zu speichern. Diese Tabellen müssen nicht immer Wahrscheinlichkeiten enthalten, sondern es ist oftmals effizienter, die Randverteilungen durch Potentiale zu repräsentieren. Stimmen die Randsummen zweier Tabellen über gemeinsame Konfigurationen nicht überein, so läßt sich ein Abgleich durch eine Abfolge von Rechenoperationen erreichen, die bereits in dem einführenden Beispiel als *Propagationen* bezeichnet wurden. Der Begriff der Propagation ist von zentraler Bedeutung für alle weiteren Ausführungen und wird daher an dieser Stelle noch einmal formal eingeführt.

Es sei $(\mathcal{V}, \mathcal{S})$ ein überdeckender Verbindungsbaum für die Regelmenge $\mathcal{R}$. Jedem Knoten $V \in \mathcal{V}$ sei eine Tabelle zugeordnet, in denen für jede

E	N	λ_{EN}	N	K	λ_{NK}	N	$\sum_E \lambda_{EN}$	N	$\sum_K \lambda_{NK}$	N	K	$\lambda_{NK} \cdot \frac{\sum_E \lambda_{EN}}{\sum_K \lambda_{NK}}$
0	0	2	0	0	4	0	2+1	0	4+1	0	0	$4 \cdot \frac{3}{5}$
0	1	3	0	1	1	1	3+5	1	6+2	0	1	$1 \cdot \frac{3}{8}$
0	2	4	1	0	6	2	4+6	2	3+1	1	0	$6 \cdot \frac{8}{8}$
1	0	1	1	1	2					1	1	$2 \cdot \frac{8}{8}$
1	1	5	2	0	3					2	0	$3 \cdot \frac{10}{4}$
1	2	6	2	1	1					2	1	$1 \cdot \frac{10}{4}$

Abb. 5.6: Propagation der LEG λ_{EN} in die LEG λ_{NK}

Konfiguration $x_V \in \mathcal{X}_V$ ein Potential $\lambda_V(x_V)$ gespeichert wird. Eine derartige Tabelle wird im weiteren auch als *Lokale Ereignisgruppe* (kurz: LEG) bezeichnet. Auf den LEGs werden die Rechenoperationen *Marginalisierung*, *Produkt* und *Quotient* wie folgt notiert:

- Für $S \subseteq V$ sei $\sum_{V \setminus S} \lambda_V$ die „Marginaltabelle" über alle Konfigurationen aus $\mathcal{X}_S$, also:

$$\sum_{V \setminus S} \lambda_V := \sum_{x_{V \setminus S}} \lambda_V(x_S, x_{V \setminus S})$$

- Für $S \subseteq V$ ist der Quotient zweier LEGs λ_V und λ_S zeilenweise erklärt, also:

$$\frac{\lambda_V}{\lambda_S} := \frac{\lambda_V}{\lambda_S}(x_{V \setminus S}, x_S) = \frac{\lambda_V(x_{V \setminus S}, x_S)}{\lambda_S(x_S)}$$

- Für zwei LEGs λ_V und λ_W mit $S = V \cap W$ wird das Produkt wie bei Potentialfunktionen erklärt, also:

$$\lambda_V \cdot \lambda_W := (\lambda_V \cdot \lambda_W)(x_{V \setminus S}, x_S, x_{W \setminus S}) = \lambda_V(x_{V \setminus S}, x_S) \cdot \lambda_W(x_S, x_{W \setminus S})$$

Unter einer *lokalen Propagation* einer LEG λ_W in eine LEG λ_V mit $S = V \cap W$ wird die nachstehende Abfolge von Rechenoperationen verstanden (siehe auch Abb. 5.6):

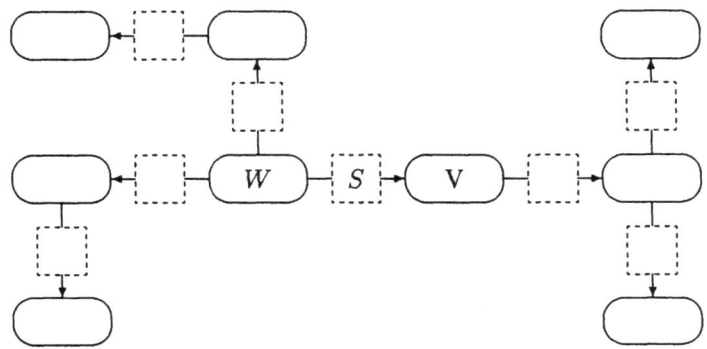

Abb. 5.7: Globale Propagation von einer Wurzel in die Blätter

Marginalisiere die LEGs λ_V und λ_W auf die Schnittmenge S und multipliziere den Quotienten an das LEG λ_V. Das Ergebnis ist eine neue LEG:

$$\lambda'_V = \lambda_V \cdot \frac{\sum_{W \setminus S} \lambda_W}{\sum_{V \setminus S} \lambda_V} \qquad (5.11)$$

Nach einer Propagation sind die Randsummen der LEGs λ'_V und λ_W auf dem Schnitt S identisch, d.h. es gilt:

$$\sum_{V \setminus S} \lambda'_V = \sum_{W \setminus S} \lambda_W$$

Zwei LEGs mit identischen Randsummen auf der gemeinsamen Schnittmenge S werden auch als *lokal konsistent* bezeichnet. Sind die LEGs bereits vor der Propagation konsistent, wird formal der Faktor 1 an die LEG λ_V anmultipliziert; eine lokale Propagation bewirkt dann keine Änderung.

Die lokale Propagation kann zu einer *globalen Propagation* erweitert werden, wenn man von der neuen LEG λ'_V weiter in Richtung auf die Blätter des Verbindungsbaums propagiert. Exakt formuliert wird unter einer globalen Propagation — ausgehend in einer beliebig gewählten Wurzel — die folgende Rechenanweisung verstanden:

1. *Erzeuge einen gerichteten Baum, dessen Pfeile von der Wurzel in Richtung auf die Blätter zeigen.*

2. *Für alle Knoten W anfangend in der Wurzel in Richtung auf die Blätter:*

$$\forall V \in ch(W) : \lambda_V := \lambda_V \cdot \frac{\sum_{W \setminus S} \lambda_W}{\sum_{V \setminus S} \lambda_V} \quad (5.12)$$

Die Definitionsgleichung ist als Neuzuweisung der Werte eines LEGs zu verstehen, d.h. die alten Werte werden sukzessive mit dem Produkt der rechten Seite überschrieben. Es werden also die λ-Werte aller LEGs des Verbindungsbaums, außer dener der Wurzel, überschrieben.

Nach einer Propagation durch den gesamten Verbindungsbaums sind alle LEGs paarweise konsistent; sie werden dann auch als *global konsistent* bezeichnet.

5.3.3 Iteration im Verbindungsbaum

Mit Hilfe der im vorherigen Abschnitt eingeführten Rechenoperationen kann die in Kapitel 4 behandelte Potentialiteration äquivalent auf dem Verbindungsbaum durchgeführt werden. Die wesentlichen Iterationsvorschriften wurden bereits in dem einführenden Beispiel dargestellt. Im allgemeinen Fall werden die LEGs zunächst initialisiert, dann lokale Iterationsschritte durchgeführt und die geänderten Potentiale in ein Nachbar-LEG propagiert. Abschließend erfolgt eine globale Propagation:

1. *Initialisiere alle Konfigurationen in jeder LEG mit dem Wert 1 und erzeuge eine geschlossene Tour auf dem Verbindungsbaum, bei der jedes LEG mindestens einmal durchlaufen wird. (Siehe auch Abb. 5.8)*

2. *Solange Abbruchbedingung nicht erfüllt:*

    (a) *Führe lokale Iterationen über alle zugeordneten Regeln einer LEG λ_W gemäß den Rechenvorschriften aus Abb. 4.2, durch.*

    (b) *Propagiere die Randsumme von λ_W in das Nachfolger-LEG λ_V gemäß (5.11) und setze $W := V$.*

3. *Normiere das letzte geänderte LEG und führe eine globale Propagation gemäß (5.12) durch.*

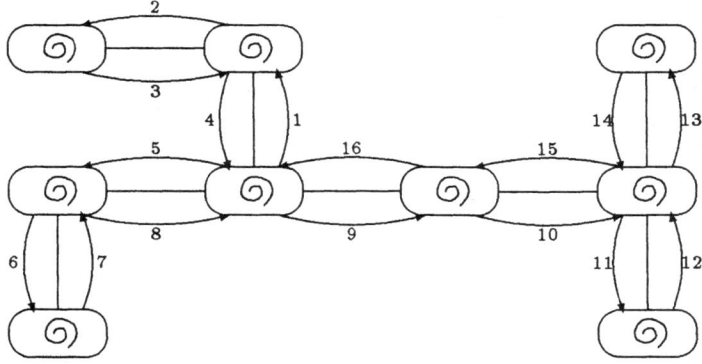

Abb. 5.8: Reihenfolge der lokalen Iterationen im Verbindungsbaum

Der Korrektheitsnachweis kann analog zu dem Beispiel aus Abschnitt 5.1 geführt werden. Mit Satz 5.8 wurde bereits gezeigt, daß die W-Funktion auf einem überdeckenden Verbindungsbaum in jedem Schritt k zerlegbar ist. Ist λ_W eine LEG, auf der ein lokaler Iterationsschritt durchgeführt wird, so sind die Werte identisch mit den Randpotentialen $\mu_{k+1}(x_W)$ der gemeinsamen Verteilung. Mit vollständiger Induktion läßt sich der Nachweis für beliebig viele lokale Schritte führen. Nach einer Propagation von λ_W zum Nachfolger λ_V sind die Potentiale dieser LEG ebenfalls identisch mit den Randpotentialen $\mu(x_V)$. Man kann also die lokale Iteration auf λ_V fortsetzen. Als Abbruchbedingung bieten sich die in Kapitel 4 erwähnten Kriterien an, d.h.:

1. Die Iteration wird abgebrochen, wenn die vorgegebenen Wahrscheinlichkeiten der Regeln mit den tatsächlichen Werten übereinstimmen und die LEGs global konsistent sind. (Bis auf eine Toleranzgrenze $\epsilon > 0$)

2. Die Iteration wird abgebrochen, falls der Normierungsfaktor die Obergrenze gemäß Satz 4.5 überschreitet. In diesem Fall ist die Regelmenge inkonsistent.

3. Als letztes Kriterium bleibt der Abbruch der Iteration durch den Anwender.

Bei einem vorzeitigen Abbruch der Iteration wird durch die Abschlußphase die globale Konsistenz der LEGs sichergestellt. Ansonsten hat diese Phase nur eine Normierung der LEGs zur Folge.

Die Bedeutung der LEGs für die Iteration tritt sehr klar hervor, wenn man die Iteration nur in Abhängigkeit von den α-Werten der Regeln betrachtet. Dies wird in dem folgenden Beispiel vorgeführt:

Beispiel 5.5 Gegeben seien noch einmal die 3 Regeln aus Abschnitt 5.1:

$$
\begin{aligned}
R_1 &: (X_1 = 1) \rightsquigarrow (X_2 = 1) \quad (0.2) \\
R_2 &: (X_2 = 1) \vee (X_3 = 1) \quad (0.3) \\
R_3 &: (X_4 = 1) \rightsquigarrow (X_3 = 1) \quad (0.1)
\end{aligned}
$$

Wegen Satz 4.2 gilt für die Potentiale $\mu_k(x)$ auf dem „großen" Zustandsraum $\times_{i=1}^{4} \mathcal{X}_i$:

$$\mu_k(x) = \alpha_{1,k}^{a_1(x)} \cdot \alpha_{2,k}^{a_2(x)} \cdot \alpha_{3,k}^{a_3(x)}$$

In Abb 5.9, linke Tabelle, sind die zugehörigen Potentiale $\mu_k(x)$ und $\alpha_{i,k}^{a_i(x)}$ für jede Konfiguration und jede Regel eingetragen. Jede Zeile entspricht einer Gleichung zwischen $\mu_k(x)$ und dem Produkt der $\alpha_{i,k}$. (Beispielsweise bedeutet die 9. Zeile: $\mu(1,0,0,0) = \alpha_1^{-0.2} \cdot \alpha_2^{-0.3}$, der Iterationsindex k ist aus Gründen der Übersichtlichkeit weggelassen).

Für die α-Werte der Regeln ergibt sich die Iterationsvorschrift aus Abb. 4.2, Seite 64:

$$\alpha_{i,k} = \alpha_{i,k-1} \cdot \frac{\bar{p}_i}{1-\bar{p}_i} \frac{\mu_{k-1}(F_{1_i}\overline{F_{2_i}})}{\mu_{k-1}(F_{1_i}F_{2_i})} \quad (5.13)$$

Setzt man nun für die Formeln F_1 und F_2 die entsprechenden Erfüllungsmengen ein, so wird durch (5.13) eine Fixpunktiteration in den (α_i) definiert. Diese lautet für das hier betrachtete Beispiel:[4]

---

[4] Die allgemeine Formel findet sich in Rödder & Kern-Isberner [74].

x_1 x_2 x_3 x_4	$\mu(x_1, x_2, x_3, x_4)$
0 0 0 0	1 · $\alpha_2^{-0.3}$ · 1
0 0 0 1	1 · $\alpha_2^{-0.3}$ · $\alpha_3^{-0.1}$
0 0 1 0	1 · $\alpha_2^{0.7}$ · 1
0 1 1 1	1 · $\alpha_2^{0.7}$ · $\alpha_3^{0.9}$
0 1 0 0	1 · $\alpha_2^{0.7}$ · 1
0 1 0 1	1 · $\alpha_2^{0.7}$ · $\alpha_3^{-0.1}$
0 1 1 0	1 · $\alpha_2^{0.7}$ · 1
0 1 1 1	1 · $\alpha_2^{0.7}$ · $\alpha_3^{0.9}$
1 0 0 0	$\alpha_1^{-0.2}$ · $\alpha_2^{-0.3}$ · 1
1 0 0 1	$\alpha_1^{-0.2}$ · $\alpha_2^{-0.3}$ · $\alpha_3^{-0.1}$
1 0 1 0	$\alpha_1^{-0.2}$ · $\alpha_2^{0.7}$ · 1
1 0 1 1	$\alpha_1^{-0.2}$ · $\alpha_2^{0.7}$ · $\alpha_3^{0.9}$
1 1 0 0	$\alpha_1^{0.8}$ · $\alpha_2^{0.7}$ · 1
1 1 0 1	$\alpha_1^{0.8}$ · $\alpha_2^{0.7}$ · $\alpha_3^{-0.1}$
1 1 1 0	$\alpha_1^{0.8}$ · $\alpha_2^{0.7}$ · 1
1 1 1 1	$\alpha_1^{0.8}$ · $\alpha_2^{0.7}$ · $\alpha_3^{0.9}$

x_1 x_2	$\lambda_{1,2}$
0 0	1 · $(\alpha_2^{-0.3}(1+\alpha_3^{0.9}) + \alpha_2^{0.7}(1+\alpha_3^{-0.1}))$
0 1	1 · $(\alpha_2^{0.7}(1+\alpha_3^{0.9}) + \alpha_2^{0.7}(1+\alpha_3^{-0.1}))$
1 0	$\alpha_1^{-0.2}$ · $(\alpha_2^{-0.3}(1+\alpha_3^{0.9}) + \alpha_2^{0.7}(1+\alpha_3^{-0.1}))$
1 1	$\alpha_1^{0.8}$ · $(\alpha_2^{0.7}(1+\alpha_3^{0.9}) + \alpha_2^{0.7}(1+\alpha_3^{-0.1}))$

x_2 x_3	$\lambda_{2,3}$
0 0	$\alpha_2^{-0.3}$ · $(1+\alpha_1^{-0.2})$ · $(1+\alpha_3^{0.9})$
0 1	$\alpha_2^{0.7}$ · $(1+\alpha_1^{-0.2})$ · $(1+\alpha_3^{-0.1})$
1 0	$\alpha_2^{0.7}$ · $(1+\alpha_1^{0.8})$ · $(1+\alpha_3^{0.9})$
1 1	$\alpha_2^{0.7}$ · $(1+\alpha_1^{0.8})$ · $(1+\alpha_3^{-0.1})$

x_3 x_4	$\lambda_{3,4}$
0 0	1 · $(\alpha_2^{-0.3}(1+\alpha_1^{-0.2}) + \alpha_2^{0.7}(1+\alpha_1^{0.8}))$
0 1	1 · $(\alpha_2^{-0.3}(1+\alpha_1^{-0.2}) + \alpha_2^{0.7}(1+\alpha_1^{0.8}))$
1 0	$\alpha_3^{-0.1}$ · $(\alpha_2^{0.7}(1+\alpha_1^{-0.2}) + \alpha_2^{0.7}(1+\alpha_1^{0.8}))$
1 1	$\alpha_3^{0.9}$ · $(\alpha_2^{0.7}(1+\alpha_1^{-0.2}) + \alpha_2^{0.7}(1+\alpha_1^{0.8}))$

Abb. 5.9: Funktion der LEG's als „Cache-Speicher" für Zwischenergebnisse

$$\alpha_1 = \frac{0.2}{0.8} \frac{\alpha_2^{-0.3} + \alpha_2^{-0.3}\alpha_3^{-0.1} + \alpha_2^{0.7} + \alpha_2^{0.7}\alpha_3^{0.9}}{\alpha_2^{0.7} + \alpha_2^{0.7}\alpha_3^{-0.1} + \alpha_2^{0.7} + \alpha_2^{0.7}\alpha_3^{0.9}}$$

$$\alpha_2 = \frac{0.3}{0.7} \frac{1 + \alpha_3^{-0.1} + \alpha_1^{0.8} + \alpha_1^{0.8}\alpha_3^{-0.1}}{1+\alpha_3^{0.9}+1+\alpha_3^{-0.1}+1+\alpha_3^{0.9}+\alpha_1^{-0.2}+\alpha_1^{-0.2}\alpha_3^{0.9}+\alpha_1^{0.8}+\alpha_1^{0.8}\alpha_3^{-0.1}+\alpha_1^{0.8}+\alpha_1^{0.8}\alpha_3^{0.9}}$$

$$\alpha_3 = \frac{0.1}{0.9} \frac{\alpha_2^{-0.3} + \alpha_2^{0.7} + \alpha_1^{-0.2}\alpha_2^{-0.3} + \alpha_1^{0.8}\alpha_2^{0.7}}{\alpha_2^{0.7} + \alpha_2^{0.7} + \alpha_1^{-0.2}\alpha_2^{0.7} + \alpha_1^{0.8}\alpha_2^{0.7}}$$

Bei der direkten Durchführung eines Iterationschritts über alle drei Regeln sind insgesamt $6 + 14 + 6 = 26$ Additionen sowie 12 Multiplikationen erforderlich.

Andererseits kann man die Ausdrücke natürlich auch „geschickt" klammern:

$$\alpha_1 = \frac{1}{4}\frac{\alpha_2^{-0.3}(1+\alpha_3^{-0.1})+\alpha_2^{0.7}(1+\alpha_3^{0.9})}{\alpha_2^{0.7}(1+\alpha_3^{-0.1})+\alpha_2^{0.7}(1+\alpha_3^{0.9})}$$

$$\alpha_2 = \frac{3}{7}\frac{(1+\alpha_1^{0.8})(1+\alpha_3^{-0.1})}{[(1+\alpha_1^{-0.2})(1+\alpha_3^{0.9})]+[(1+\alpha_1^{0.8})(1+\alpha_3^{-0.1})]+[(1+\alpha_1^{0.8})(1+\alpha_3^{0.9})]}$$

$$\alpha_3 = \frac{1}{9}\frac{\alpha_2^{-0.3}(1+\alpha_1^{-0.2})+\alpha_2^{0.7}(1+\alpha_1^{0.8})}{\alpha_2^{0.7}(1+\alpha_1^{-0.2})+\alpha_2^{0.7}(1+\alpha_1^{0.8})}$$

Berechnet man zunächst den Zähler der ersten Gleichung und „merkt" sich die Produkte $\alpha_2^{-0.3}(1+\alpha_3^{0.9})$ und $\alpha_2^{0.7}(1+\alpha_3^{0.9})$, so sind für die Berechnung von α_1 nur noch 4 Additionen und 2 Multiplikationen erforderlich. Analog werden für α_2 bei einer optimalen Zwischenspeicherung lediglich 4 Additionen und 3 Multiplikationen benötigt. Schließlich sind für α_3 noch 2 Additionen und 2 Multiplikationen notwendig. Insgesamt sind also nur noch $4 + 4 + 2 = 10$ Additionen und $2 + 3 + 2 = 7$ Multiplikationen erforderlich.

In den Tabellen auf der rechten Seite von Abb 5.9 sind die Randpotentiale auf den LEGs dargestellt. Die oben ausgeklammerten Terme sind als vorberechnete Faktoren in den LEGs enthalten. Die Erzeugung der LEGs (also das *FILL-IN*) kann demnach als Heuristik zur „geschickten Klammerung" interpretiert werden. Die LEGs fungieren als „Cache", in dem die Zwischenergebnisse aus der Klammerung gespeichert werden.

5.4 Dynamische Änderungen in den Regeln und den Variablen

Oftmals ist es sinnvoll, die Regelmenge oder den Zustandsraum nachträglich zu erweitern bzw. zu reduzieren. Bei einer derartigen Änderung sollte eine neue Verteilung mit maximaler Entropie ermittelt werden, da die alte Regelmenge offensichtlich als unvollständig oder (teilweise) falsch einzustufen ist. Bei einer Erweiterung der Regelmenge muß ein neuer Verbindungsbaum erzeugt werden, falls die Knoten des alten Verbindungsbaums die neue Regelmenge nicht überdecken. Grundsätzlich könnte man natürlich in dem neuen Verbindungsbaum die Iteration mit der Gleichverteilung erneut beginnen. Diese Vorgehensweise mag aber unter Umständen sehr ineffizient sein, da die Iteration wegen Lemma 2.4 (Transitivität) und Satz 4.5 bei einer Erweiterung der Regelmenge auf Basis der alten Verteilung fortgesetzt werden könnte. Es wird also möglicherweise eine gute Ausgangslösung „verschenkt".

5.4.1 Re-Initialisierung in einem neuen Verbindungsbaum

In diesem Abschnitt wird das folgende Problem betrachtet:

Gegeben ist eine Regelmenge $\mathcal{R}$ sowie ein überdeckender Verbindungsbaum $(\mathcal{V}, \mathcal{S})$ für diese Regelmenge. Zu jedem $R_i \in \mathcal{R}$ sei der zugehörige Faktor α_i bekannt, wobei im allgemeinen $\alpha_i \neq 1$ gilt.

Gesucht sind die Randwahrscheinlichkeiten $p(x_V)$ auf den Knoten $V \in \mathcal{V}$.

Dieses Problem tritt nicht nur bei einer Änderung der Regelmenge auf. Bereits in Abschnitt 5.2.5 wurde gesagt, daß ein überdeckender Verbindungsbaum mit relativ wenig Aufwand erzeugt werden kann. Bei der Speicherung einer Wissensbasis, bestehend aus der Regelmenge *und* den LEGs, läßt sich sehr viel Speicherplatz einsparen, wenn die LEGs effizient aus den α-Werten der Regeln rekonstruiert werden können. Es ist dann ausreichend, lediglich die Regelmenge (inkl. der α-Werte) abzuspeichern.

Das oben genannte Problem wird mit einem Algorithmus gelöst, bei dem anstelle der Randwahrscheinlichkeiten $p(x_V)$ die zugehörigen proportionalen Randpotentiale $\mu(x_V)$ berechnet werden. Der Algorithmus beruht im wesentlichen auf dem folgenden Lemma:

Lemma 5.9 *Ist $(\lambda_V)_{V \in \mathcal{V}}$ eine Familie von paarweise disjunkten LEGs, so gilt:*

$$\sum_{V} \left(\prod_{V \in \mathcal{V}} \lambda_V \right) = \prod_{V \in \mathcal{V}} \left(\sum_{V} \lambda_V \right) \qquad (5.14)$$

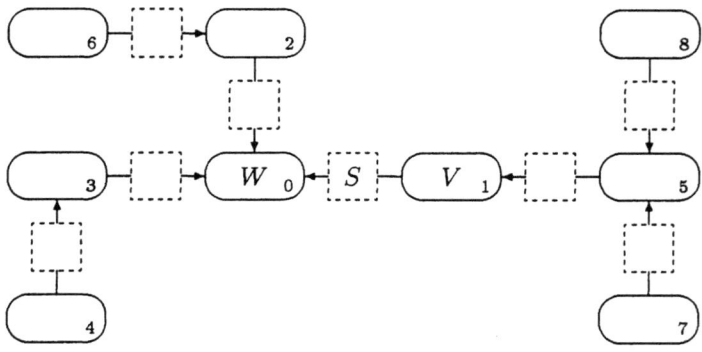

Abb. 5.10: Gerichteter Verbindungsbaum zur Berechnung der Randpotentiale

Beweis: Für zwei disjunkte LEGs λ_V und λ_W gilt:

$$\sum_{V,W}(\lambda_V \cdot \lambda_W) = \left(\sum_V \lambda_V\right) \cdot \left(\sum_W \lambda_W\right)$$

Die Gleichung (5.14) ergibt sich dann unmittelbar durch vollständige Induktion. ∎

Für disjunkte LEGs ist es also wegen (5.14) unerheblich, ob man zunächst die große Produkt-LEG erzeugt und dann eine Summation über alle Konfigurationen durchführt, oder ob man erst in jeder „kleinen" LEG summiert und danach das Produkt über alle Summen bildet. Die zweite Vorgehensweise ist im allgemeinen mit erheblich weniger Rechen- und Speicheraufwand verbunden.

Die gesuchten Randpotentiale $p(x_V)$ können nun mit dem folgenden Algorithmus berechnet werden:

1. *Initialisiere die LEGs mit den α-Werten der zugehörigen Regeln.*

$$\lambda_V(x_V) := \prod_i \alpha_i^{a_i(x_V)}, \qquad (5.15)$$

wobei das Produkt über alle Indizes der Regeln R_i läuft, die dem Knoten V zugeordnet sind.

2. Wähle einen beliebigen Knoten als Wurzel und erzeuge einen gerichteten Baum, in dem alle Pfeile auf die Wurzel zeigen. Numeriere die LEGs in aufsteigender Reihenfolge ausgehend von der Wurzel derart, daß gilt: $i < j \Leftrightarrow V_j \in an(V_i)$. (Siehe auch Abb. 5.10)

3. Für alle Knoten W in absteigender Reihenfolge in Richtung auf die Wurzel:
$$\forall V \in pa(W) : \lambda_W := \lambda_W \cdot \sum_{V \setminus S} \lambda_V \qquad (5.16)$$

4. Für alle Knoten W in aufsteigender Reihenfolge in Richtung auf die Blätter:
$$\forall V \in pa(W) : \lambda_V := \lambda_V \cdot \frac{\sum_{W \setminus S} \lambda_W}{\sum_{V \setminus S} \lambda_V}, \qquad (5.17)$$

Nach der Durchführung des Verfahrens sind die Werte in den LEGs mit den gesuchten Randpotentialen $\mu(x_V)$ identisch, d.h. es gilt:
$$\lambda_V(x_V) = \mu(x_V), \forall V \in \mathcal{V} \qquad (5.18)$$

Für einen Verbindungsbaum mit zwei LEGs λ_V und λ_W sieht man dies wie folgt:
Aus Satz 4.3 ist bekannt, daß für die Potentiale auf dem „großen" Zustandsraum die folgende Faktorisierung gilt:
$$\mu(x) = \prod_{i=1}^{m} \alpha_i^{a_i(x_V)}$$

Nach der Initialisierung von λ_V und λ_W ergibt sich in Schritt 1:
$$\mu(x) = (\lambda_V \cdot \lambda_W)(x)$$

Wegen $(V \setminus S) \cap W = \emptyset$ und wegen Lemma 5.9 folgt nach dem dritten Schritt:
$$\lambda'_W = \lambda_W \cdot \sum_{V \setminus S} \lambda_V = \sum_{V \setminus S} (\lambda_W \cdot \lambda_V) = \underline{\underline{\mu(x_W)}}$$

Nach dem 4. Schritt gilt schließlich:

$$\begin{aligned}\lambda'_V &= \lambda_V \cdot \frac{\sum_{W\backslash S} \lambda'_W}{\sum_{V\backslash S} \lambda_V} \\ &= \lambda_V \cdot \frac{\sum_{W\backslash S}\left(\lambda_W \cdot \sum_{V\backslash S}\lambda_V\right)}{\sum_{V\backslash S}\lambda_V} \\ &= \lambda_V \cdot \frac{\left(\sum_{W\backslash S}\lambda_W\right) \cdot \sum_{V\backslash S}\lambda_V}{\sum_{V\backslash S}\lambda_V} \\ &= \lambda_V \cdot \sum_{W\backslash S}\lambda_W = \sum_{W\backslash S}(\lambda_V \cdot \lambda_W) = \underline{\mu(x_V)}\end{aligned}$$

Für einen Verbindungsbaum mit $n = |\mathcal{V}|$ LEGs ergeben sich die Identitäten (5.18) durch vollständige Induktion nach der Anzahl der Knoten.

Beispiel 5.6 Gegeben sei die folgende Faktorisierung der gemeinsamen Verteilung P von G, E, K, D, N:

$$p_k(g,e,k,d,n) = \alpha_{0,k} \cdot \alpha_{1,k}^{a_1(k,n)} \cdot \alpha_{2,k}^{a_2(k,n)} \alpha_{3,k}^{a_3(g,e,k)} \cdot \alpha_{4,k}^{a_4(e,d,n)} \alpha_{5,k}^{a_5(e,d,n)} \cdot \alpha_{6,k}^{a_6(d,n)}$$

$$\iff \mu_k(g,e,k,d,n) = \alpha_{1,k}^{a_1(k,n)} \cdot \alpha_{2,k}^{a_2(k,n)} \alpha_{3,k}^{a_3(g,e,k)} \cdot \alpha_{4,k}^{a_4(e,d,n)} \alpha_{5,k}^{a_5(e,d,n)} \cdot \alpha_{6,k}^{a_6(d,n)}$$

Die Startwerte für die α_i der Regeln seien $(\alpha_1, \alpha_2, \alpha_3, \alpha_4, \alpha_5, \alpha_6) = (1, 2, 3, 4, 5, 6)$. Für die Zerlegung $\boxed{GEK}\!\!-\!\!\boxed{EKN}\!\!-\!\!\boxed{EDN}$ sind die LEGs in Abb. 5.11 (S.109, oben) zunächst mit den Faktoren $(\alpha_i)_{i=1,\ldots,6}$ initialisiert worden. Wählt man den Knoten $\boxed{EKN}$ als Wurzel, so kann nach der Propagation in Richtung auf die Wurzel zunächst der Normierungsfaktor α_0 berechnet werden (mitte). Nach der Propagation in Richtung auf die Blätter sind die LEGs mit den Randpotentialen identisch (unten).

Das obige Verfahren zur Erzeugung der Randpotentiale ist im wesentlichen identisch mit der Methode, die bei probabilistischen Expertensystemen auf Basis von gerichteten Graphen angewandt wird. Der Unterschied besteht lediglich in der Initialisierungsvorschrift (5.15). Bei den graphischen Systemen werden die LEGs direkt mit dem Produkt der bedingten Wahrscheinlichkeiten aus den Tabellen besetzt.[5]

---

[5] Siehe hierzu Andersen et.al. [1], Jensen et.al. [37].

g	e	k	λ_{GEK}
0	0	0	1
0	0	1	$3^{-0.1}$
0	1	0	1
0	1	1	1
1	0	0	1
1	0	1	$3^{0.9}$
1	1	0	1
1	1	1	1

e	k	n	λ_{EKN}	
0	0	0	$1^{-0.4}$	
0	0	1	1	$\cdot 2^{-0.8}$
0	1	0	$1^{0.6}$	
0	1	1	1	$\cdot 2^{0.2}$
1	0	0	$1^{-0.4}$	
1	0	1	1	$\cdot 2^{-0.8}$
1	1	0	$1^{0.6}$	
1	1	1	1	$\cdot 2^{0.2}$

e	d	n	λ_{EDN}	
0	0	0	1	$\cdot 5^{-0.2}$
0	0	1	1	$\cdot 6^{-0.7}$
0	1	0	1	
0	1	1	$4^{-0.9}$	$\cdot 6^{0.3}$
1	0	0	1	$\cdot 5^{0.8}$
1	0	1	1	$\cdot 6^{-0.7}$
1	1	0	1	
1	1	1	$4^{0.1}$	$\cdot 6^{0.3}$

Initialisierung der LEG's mit den α-Werten der Regeln

e	k	n	$\lambda_{EKN} = \mu_0(e,k,n)$
0	0	0	$1^{-0.4} \quad \cdot(1+1) \quad \cdot(1+5^{-0.2})$
0	0	1	$1 \quad \cdot 2^{-0.8} \quad \cdot(1+1) \quad \cdot(6^{-0.7}+4^{-0.9}\cdot 6^{0.3})$
0	1	0	$1^{0.6} \quad \cdot(3^{-0.1}+3^{0.9}) \quad \cdot(1+5^{-0.2})$
0	1	1	$1 \quad \cdot 2^{0.2} \quad \cdot(3^{-0.1}+3^{0.9}) \quad \cdot(6^{-0.7}+4^{-0.9}\cdot 6^{0.3})$
1	0	0	$1^{-0.4} \quad \cdot(1+1) \quad \cdot(6^{-0.7}+4^{0.1}\cdot 6^{0.3})$
1	0	1	$1 \quad \cdot 2^{-0.8} \quad \cdot(1+1) \quad \cdot(1+5^{0.8})$
1	1	0	$1^{0.6} \quad \cdot(1+1) \quad \cdot(6^{-0.7}+4^{0.1}\cdot 6^{0.3})$
1	1	1	$1 \quad \cdot 2^{0.2} \quad \cdot(1+1) \quad \cdot(1+5^{0.8})$
			$\sum \lambda_{EKN} = 1/\alpha_0 \approx 38.66$

Nach Propagation in Richtung auf die Wurzel $\boxed{EKN}$

g	e	k	$\lambda_{GEK} = \mu_0(g,e,k)$
0	0	0	$1 \quad \cdot(1^{-0.4} \quad \cdot(1+5^{-0.2}) \quad +2^{-0.8} \quad \cdot(6^{-0.7}+4^{-0.9}\cdot 6^{0.3}))$
0	0	1	$3^{-0.1} \quad \cdot(1^{0.6} \quad \cdot(1+5^{-0.2}) \quad +2^{0.2} \quad \cdot(6^{-0.7}+4^{-0.9}\cdot 6^{0.3}))$
0	1	0	$1 \quad \cdot(1^{-0.4} \quad \cdot(6^{-0.7}+4^{0.1}\cdot 6^{0.3}) \quad +2^{-0.8} \quad \cdot(1+5^{0.8}))$
0	1	1	$1 \quad \cdot(1^{0.6} \quad \cdot(6^{-0.7}+4^{0.1}\cdot 6^{0.3}) \quad +2^{0.2} \quad \cdot(1+5^{0.8}))$
1	0	0	$1 \quad \cdot(1^{-0.4} \quad \cdot(1+5^{-0.2}) \quad +2^{-0.8} \quad \cdot(6^{-0.7}+4^{-0.9}\cdot 6^{0.3}))$
1	0	1	$3^{0.9} \quad \cdot(1^{0.6} \quad \cdot(1+5^{-0.2}) \quad +2^{0.2} \quad \cdot(6^{-0.7}+4^{-0.9}\cdot 6^{0.3}))$
1	1	0	$1 \quad \cdot(1^{-0.4} \quad \cdot(6^{-0.7}+4^{0.1}\cdot 6^{0.3}) \quad +2^{-0.8} \quad \cdot(1+5^{0.8}))$
1	1	1	$1 \quad \cdot(1^{0.6} \quad \cdot(6^{-0.7}+4^{0.1}\cdot 6^{0.3}) \quad +2^{0.2} \quad \cdot(1+5^{0.8}))$

e	d	n	$\lambda_{EDN} = \mu_0(e,d,n)$
0	0	0	$1 \quad \cdot 5^{-0.2} \quad \cdot(1^{-0.4} \quad \cdot(1+1) \quad +1^{0.6} \quad \cdot(3^{-0.1}+3^{0.9}))$
0	0	1	$1 \quad \cdot 6^{-0.7} \quad \cdot(2^{-0.8} \quad \cdot(1+1) \quad +2^{0.2} \quad \cdot(3^{-0.1}+3^{0.9}))$
0	1	0	$1 \quad \cdot(1^{-0.4} \quad \cdot(1+1) \quad +1^{0.6} \quad \cdot(3^{-0.1}+3^{0.9}))$
0	1	1	$4^{-0.9} \quad \cdot 6^{0.3} \quad \cdot(2^{-0.8} \quad \cdot(1+1) \quad +2^{0.2} \quad \cdot(3^{-0.1}+3^{0.9}))$
1	0	0	$1 \quad \cdot 5^{0.8} \quad \cdot(1^{-0.4} \quad \cdot(1+1) \quad +1^{0.6} \quad \cdot(1+1))$
1	0	1	$1 \quad \cdot 6^{-0.7} \quad \cdot(2^{-0.8} \quad \cdot(1+1) \quad +2^{0.2} \quad \cdot(1+1))$
1	1	0	$1 \quad \cdot(1^{-0.4} \quad \cdot(1+1) \quad +1^{0.6} \quad \cdot(1+1))$
1	1	1	$4^{0.1} \quad \cdot 6^{0.3} \quad \cdot(2^{-0.8} \quad \cdot(1+1) \quad +2^{0.2} \quad \cdot(1+1))$

Nach Propagation in Richtung auf die Blätter $\boxed{GEK}$ und $\boxed{EDN}$

Abb. 5.11: Berechnung der Startpotentiale $\mu_0(x_V)$ im Verbindungsbaum

Das Verfahren läßt sich nicht nur zur Berechnung der Randwahrscheinlichkeiten einsetzen, sondern hat je nach Wahl der Initialisierungsvorschrift (5.15) in Schritt 1 eine ganze Reihe von praktischen Konsequenzen zur Folge. Diese werden im folgenden Abschnitt beschrieben.

5.4.2 Praktische Konsequenzen der Re-Initialisierung

Es soll nun erläutert werden, wie mit Hilfe des Re-Initialisierungsverfahrens dynamische Änderungen in den Regeln und Variablen effizient durchgeführt werden können. Dabei werden an dieser Stelle lediglich Fragen der technischen Implementierung behandelt. Die praktische Bedeutung aus „Anwendersicht" zeigt sich dann in Kapitel 6, in dem einige konkrete Fallstudien betrachtet werden.

Dauerhafte Veränderungen in der Regelmenge und im Zustandsraum

Hinzufügen von Regeln: Beim Hinzufügen einer Regel sind prinzipiell zwei Fälle zu unterscheiden:

- Die neue Regel „paßt" in eine LEG, d.h. die Knoten des Verbindungsbaums überdecken auch den neuen Hypergraphen. In diesem Fall kann die Iteration direkt auf dem alten Verbindungsbaum fortgeführt werden.

- Die neue Regel enthält Variable, die in keinem LEG vollständig enthalten sind. In diesem Fall muß ein neuer Verbindungsbaum erzeugt werden. Danach werden die Randpotentiale der neuen Zerlegung mit dem Re-Initialisierungsverfahren ermittelt und die Iteration auf dem neuen Verbindungsbaum fortgeführt.

In beiden Fällen erzeugt die Fortsetzung der Iteration wegen Lemma 2.4 eine Lösung mit maximaler Entropie.

Entfernen von Regeln: Ist R_i eine Regel mit zugehörigem Faktor α_i, so läßt sich durch eine Re-Initialisierung, bei der $\alpha_i^{a_i(x)}$ nicht als Faktor auftaucht, eine neue Verteilung erzeugen. Danach kann man die Iteration auf Basis der neuen Werte fortführen. Die Korrektheit dieser Methode wurde bereits in Abschnitt 4.2 bewiesen.

Hinzufügen einer Variablen: Dieses Problem ist trivial und führt lediglich zu einem „Verbindungswald", in dem ein Knoten isoliert ist.

Entfernen einer Variablen: Vor dem Entfernen einer Variablen sind zunächst alle Regeln zu entfernen, in denen diese Variable verwendet wird. Danach kann man einen neuen Verbindungsbaum erzeugen und mit der Re-Initialisierung die neuen Randpotentiale ermitteln. Die Korrektheit dieser Methode ergibt sich aus der gleichen Argumentation wie bei der Entfernung von Regeln.

Erweitern des Wertebereiches einer Variablen: Zunächst werden alle diese Variable enthaltenen LEGs entsprechend erweitert. Nach einer Re-Initialisierung kann man die Iteration fortführen.

Reduktion des Wertebereiches einer Variablen: Wird analog zum Entfernen einer Variablen durchgeführt.

Abschließend sei festgehalten, daß in allen genannten Fällen kein Neubeginn der Iteration notwendig ist. Veränderungen in den Regeln und Variablen können also effizient behandelt werden.

Einfache und komplexe Anfragen (Queries)

Eine weitere sinnvolle Anwendung der Re-Initialisierung zeigt sich im Rahmen von sogenannten *einfachen* und *komplexen* Anfragen.

Bei einer einfachen Anfrage wird unterstellt, daß eine bestimmte Realisation einer ausgewählten Menge von Variablen $E \subseteq \{X_1, \ldots X_n\}$ aktuell die Wahrscheinlichkeit 1 tragen soll. Gesucht ist dann die bedingte Verteilung, gegeben diese Realisation. Dieses Problem läßt sich durch eine einfache Modifikation des Re-Initialisierungsverfahrens lösen. In Schritt 1 wird anstelle der Zuweisung (5.15) der Wert 0 bei denjenigen Konfigurationen eingetragen, in denen das Komplement der Realisation enthalten ist. Nach

Durchführung der Schritte 2 - 4 ergibt sich eine Potentialrepräsentation der bedingten Verteilung.[6]

Bei einer komplexen Anfrage wird eine *temporär* um einige Regeln erweiterte Regelmenge betrachtet. Ist dann P^* die Verteilung mit maximaler Entropie auf der ursprünglichen Regelmenge, so wird nun eine neue Verteilung P^{**} gesucht, deren relative Entropie $R(P^{**}, P^*)$, gegeben die Erweiterung, minimal ist. Die gesuchte Verteilung P^{**} läßt sich auf ähnliche Weise wie bei der dauerhaften Erweiterung der Regeln erzeugen. Der einzige Unterschied besteht darin, daß die Iteration bei einer Query lediglich über die hinzugefügten Regeln fortgesetzt wird. Diese Vorgehensweise liefert die gesuchte Verteilung, da bei der Iteration grundsätzlich eine Verteilung mit minimaler relativer Entropie zu der Ausgangsverteilung berechnet wird.

5.5 Bibliographischer Überblick über verwandte Arbeiten

Das Prinzip, ein Problem mit hochdimensionaler Struktur durch die Erzeugung von Hyper- und Verbindungsbäumen in niedrigdimensionale Teilprobleme zu zerlegen, hat sich bei der Lösung von diversen Fragestellungen bewährt:

1. In einem relationalen Datenbanksystem sollen im Rahmen von komplexen Anfragen (Queries) möglichst wenig temporäre Tabellen erzeugt werden. Falls das Relationenschema eine azyklische Struktur besitzt, so ist die Beantwortung der Anfrage ohne den Aufbau zusätzlicher temporärer Tabellen möglich (siehe z.B. Beeri et.al. [5], Maier [56], Tarjan & Yannakakis [89]).

2. Bei der Gaußelimination in einer dünn besetzten $n \times n$-Matrix M sollen durch eine geschickte Reihenfolge der Pivotschritte möglichst wenig zusätzliche Nicht-Null-Elemente erzeugt werden. Eine Reihenfolge, bei der keine neuen Nicht-Null-Elemente erzeugt werden, heißt

---
[6] vgl. hierzu auch Jensen [34], S. 79.

perfekt. Ordnet man der Matrix einen Graphen (V, E) mit n Knoten und $(v_i, v_j) \in E \Leftrightarrow m_{ij} \neq 0$ zu, so existiert genau dann eine perfekte Eliminationsreihenfolge, wenn der Graph trianguliert ist (siehe auch Golumbic [25], Ohtsuki et.al. [66], Tarjan [90]).

3. Für ein beliebig vorgegebenes System von paarweise konsistenten Randverteilungen stellt sich die Frage, ob eine gemeinsame Verteilung mit den gegebenen Randverteilungen existiert. Falls diese existiert, wird das System als *global konsistent* bezeichnet. Die globale Konsistenz folgt immer dann aus der paarweisen (lokalen) Konsistenz, wenn der zugehörige Hypergraph azyklisch ist (siehe auch Malvestuto [57], Kellerer [40], Vorob'ev [98]).

4. Für ein beliebig vorgegebenes System von paarweise konsistenten Randverteilungen stellt sich die Frage nach einem *nichtiterativen* Verfahren zur Erzeugung einer gemeinsamen Verteilung mit maximaler Entropie, gegeben die Randverteilungen. Ein derartiges Verfahren existiert, wenn das System eine azyklische Struktur hat (siehe auch Malvestuto [58], Goldman & Rivest [24]).

Aus dieser noch unvollständigen Auflistung wird deutlich, daß die Prüfung auf Zyklenfreiheit und die Erzeugung von Hyperbäumen auch außerhalb der hier betrachteten Problemstellung eine erhebliche Bedeutung besitzt. Demgemäß wurde (und wird) sehr viel Forschungsarbeit in die Konstruktion von guten *Fill-In* Heuristiken gesteckt (siehe z.B. Kong [44], Fujisawa & Orino [20], Rose et.al. [78], Kjaerulff [42], Mellouli [60], Zhang [100]).

Der Begriff LEG (eigentlich: *Local Event Group*) ist 1983 von Lemmer & Barth [52] eingeführt worden. Zum damaligen Zeitpunkt wurde allerdings unterstellt, daß der Verbindungsbaum fest vorgegeben ist. Die Anwendung von Verbindungsbäumen in probabilistischen Expertensystemen auf Basis der gerichteten Graphen wird 1988 von Jensen vorgeschlagen (siehe auch den Kommentar in Lauritzen & Spiegelhalter [50]).

In den Jahren von 1991 bis 1995 wird von Jiroušek [28], [38] sowie Jiroušek & Přeučil [39] eine Reihe von Arbeiten veröffentlicht, in denen iterativ eine Verteilung mit maximaler Entropie auf einem zerlegten Zustandsraum erzeugt wird. Die zerlegte Iteration beruht auf der unter Punkt 4 genannten Arbeit von Malvestuto, in der der Autor für azyklische Hypergraphen eine explizite Formel für die gesuchte Verteilung beweist. Der in Abschnitt 5.3.3 vorgestellte Algorithmus unterscheidet sich in zwei wesentlichen Punkten von deren Arbeiten:

1. Bei dem Verfahren von Jiroušek wird ein System von vollständigen Randverteilungen als gegeben betrachtet. Hier sind lediglich einzelne bedingte Wahrscheinlichkeiten gegeben.

2. Bei dem Verfahren von Jiroušek wird in jedem Schritt eine Propagation durch den gesamten Verbindungsbaum durchgeführt, d.h. es werden keine lokalen Iterationen durchgeführt. Der zusätzliche Rechenaufwand ist damit erheblich größer.

Kapitel 6

Die Shell SPIRIT und einige Anwendungen

In den weiteren Ausführungen wird die probabilistische Expertensystem-Shell *SPIRIT* vorgestellt. Der Funktionsumfang und die Leistungsfähigkeit der Shell basiert im wesentlichen auf den bisher vorgestellten Sätzen und Algorithmen. Die folgenden Anwendungsbeispiele sollen ein Eindruck von dem praktischen Nutzen der Shell vermitteln. Dabei sei zunächst eine Fallstudie aus dem Versicherungswesen betrachtet.

6.1 Eine Fallstudie aus dem Versicherungswesen

6.1.1 Kurze Einführung in den Typklassentarif

Bei der Ermittlung der Versicherungsprämie für eine Kraftfahrt-Haftpflichtversicherung wird seit Juli 1996 der sogenannte Typklassentarif verwandt. Bei diesem Tarif richtet sich der Versicherungsbeitrag nicht mehr nach der Motorleistung, sondern „*nach der Einstellung des Fahrers zu seinem Auto und seinem Umgang mit ihm*".[1] Konkret bedeutet dies, daß

---
[1] Zitat Reitz [72].

Alle Vorzugstarife auf einen Blick					Kombinationen:				
					Wenigfahrer/ Garagenfahrzeug	25%		15%	20%
Mit einer Autoversicherung bei der Allxxx erhalten Sie nicht nur hervorragende Service-Leistungen, sondern auch maßgeschneiderte Tarife.					Einzelfahrerin/ Garagenfahrzeug	20%	32%	10%	20%
					Einzelfahrerin/ Wenigfahrerin	30%	40%	15%	15%
Statistische Untersuchungen zeigen: Wer beispielsweise ein neueres Auto fährt, wird deutlich seltener in Unfälle verwickelt als Fahrer älterer Autos. Die Folge: günstige Beiträge in der Kfz-Haftpflichtversicherung für Neuwagen-Fahrer					Einzelfahrerin/ Garagenfahrzeug/ Wenigfahrerin	45%	53%	25%	30%
					Einzelfahrer/ Garagenfahrzeug	20%	32%	10%	20%
Fragen Sie auch Ihren xxxxx ...!					Einzelfahrer/ Wenigfahrer	25%	36%	15%	15%
					Einzelfahrer/ Garagenfahrzeug/ Wenigfahrer	40%	49%	25%	30%
	Kfz-Haftpflicht		VK	TK	Partner/ Garagenfahrzeug	20%	28%	10%	20%
		Zweitwagen							
Garagenfahrzeug	10%		5%	10%	Partner/ Wenigfahrer	25%	32%	15%	15%
Wenigfahrer	15%		10%	10%					
Einzelfahrerin	10%	23%	5%	10%	Partner/ Garagenfahrzeug/ Wenigfahrer	40%	46%	25%	30%
Einzelfahrer	10%	23%	5%	5%					
Partner	10%	19%	5%	5%					

Abb. 6.1: Rabattgestaltung in Abhängigkeit bestimmter Merkmalskombinationen

gewisse Merkmale des Fahrers mit relativ hohen Rabatten belohnt werden. In Abb. 6.1 ist für fünf typische Merkmale die Rabattstaffel eines Versicherungsunternehmens dargestellt.[2] Als Grund für die Vergabe der Rabatte geben die Versicherer an, Autofahrer mit den ausgewählten Merkmalskombinationen seien seltener in Unfälle verwickelt als diejenigen, bei denen diese Merkmale fehlen. Die jeweilige *Schadenhäufigkeit*,[3] d.h. das Verhältnis aller gemeldeten Unfälle in Bezug auf alle abgeschlossenen Verträge, ist innerhalb einer Merkmalsgruppe also niedriger als im Durchschnitt. Allerdings sind die genannten Merkmale allein noch nicht hinreichend zur Gewährung

---

[2] entnommen aus einem Internet-Angebot der Allianz-Versicherungs AG [106].
[3] siehe auch Asmus [3], S. 54.

Für wen gelten die Vorzugstarife?
Die Vorzugstarife erhalten Sie, wenn Sie mindestens 25 Jahre alt sind, mit Ihrem Auto nicht mehr als 20.000 km pro Jahr fahren und der Versicherungsvertrag für Ihr Auto in eine Schadenfreiheitsklasse eingestuft werden kann.

Darüber hinaus müssen folgende Voraussetzungen erfüllt sein.

Garagenfahrzeug	Das Fahrzeug wird nachts regelmäßig in einer abschließbaren Garage abgestellt.
Wenigfahrer	Sie fahren mit Ihrem Auto nicht mehr als 9000 km im Jahr.
Einzelfahrer(in)	Sie sind bei Versicherungsbeginn zwischen 25 und 59 Jahre alt, überlassen keinem anderen Fahrer Ihr Auto.
Partner	Sie und Ihr Partner sind bei Versicherungsbeginn zwischen 25 und 59 Jahre alt. Sie beide sind die einzigen Fahrer des Autos.
Zweitwagen	Sie haben noch einen zweiten Wagen, den Sie - ebenso wie Ihren Erstwagen - bei der Allianz mit einem Einzelfahrer-/Partner-Tarif versichert haben. Bei beiden Fahrzeugen wurde der gleiche Personenkreis als Fahrer benannt.

Abb. 6.2: Exakte Definition der Merkmale

eines Rabattes. In der Abb. 6.2 sind die in Frage kommenden Personengruppen genauer spezifiziert. Auffallend ist, daß bestimmte Risikogruppen wie Vielfahrer, Anfänger und junge Leute unter 25 von allen Rabatten ausgeschlossen sind. Auch bei älteren Personen (ab 60 Jahre) sind einige Einschränkungen zu beachten. Beispielsweise hat das Merkmal „Einzelfahrer" in dieser Gruppe keinen positiven Einfluß auf die Schadenhäufigkeit.

Unterstellt man, daß ein einzelner Schaden durchschnittlich Kosten in Höhe von 5000DM verursacht und die allgemeine Schadenhäufigkeit 10%/Jahr beträgt, sollte sich der Jahresbeitrag für alle Versicherungsnehmer auf 500DM/Person belaufen. Ein Rabatt von beispielsweise 15% für die Wenigfahrer hat nun eine Versicherungsprämie von lediglich 425DM/Person in dieser Gruppe zur Folge. Um den jährlichen Gesamtschaden abzudecken, muß dann von den übrigen Versicherungsnehmern ein Aufschlag verlangt werden. Mit dem folgenden Modell lassen sich derartige Aufschläge bzw. weitere Rabatte für nicht explizit aufgeführte Gruppen schätzen.

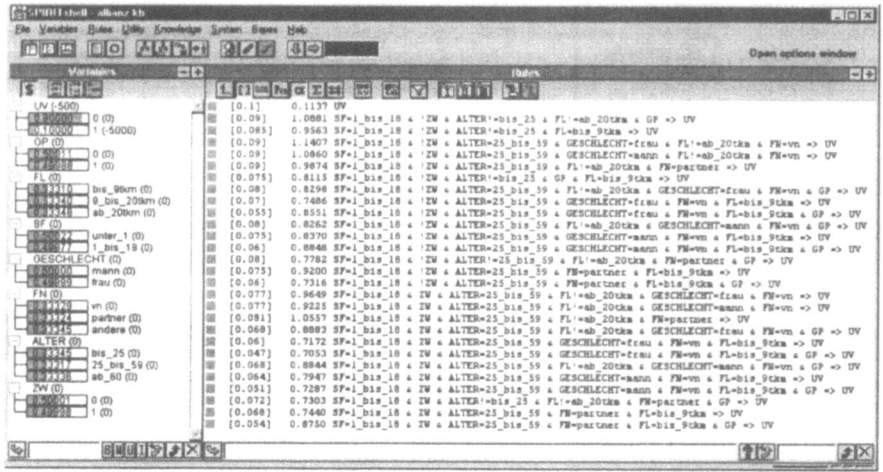

Abb. 6.3: Variablen und Regeln für alle Merkmalskombinationen der Rabattstaffel

6.1.2 Modellierung des Rabattsystems in der Shell

Zur Modellierung innerhalb der Shell SPIRIT werden zunächst die folgenden 8 Variablen definiert:[4]

Variable	Wertebereich	Bedeutung
UV	boolesch	Unfallverursacher
GP	boolesch	Garagenparker
FL	$\{\leq 9tkm, 9-20tkm, \geq 20tkm\}$	Fahrleistung/Jahr
SF	$\{<1, 1-18\}$	Schadenfreiheitsklasse
$GESCHLECHT$	{ mann,frau }	Geschlecht
FN	{ vn, partner, andere }	Fahrzeugnutzer
$ALTER$	$\{\leq 24, 25-59, \geq 60\}$	Lebensalter
ZW	boolesch	Zweitwagen

Die Shell erlaubt die Eingabe von Nutzen bzw. Kostenfaktoren, die den Werten einer Variablen bei der Deklaration als „Zugabe" beigefügt wer-

---
[4]Im Anhang auf Seite 137 findet sich das vollständige Modell im Eingabeformat der Shell.

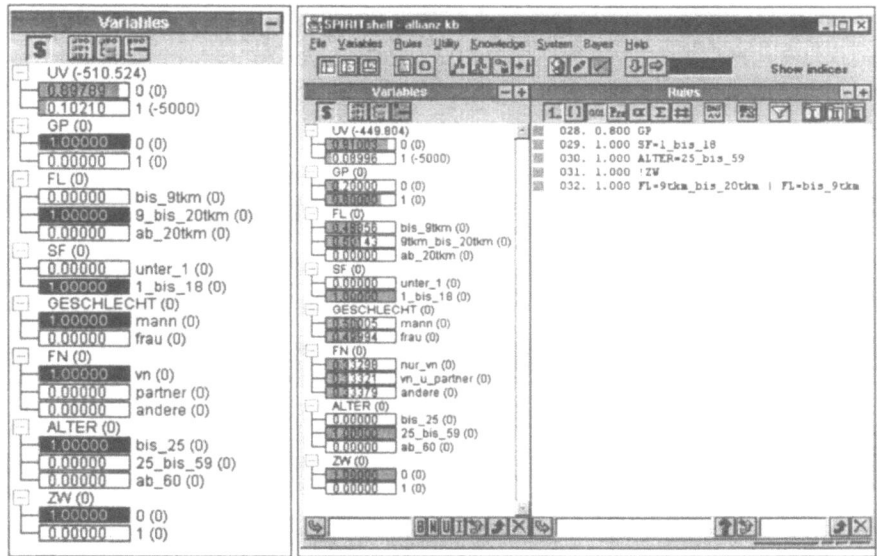

Abb. 6.4: Beispiel für eine einfache (links) und komplexe (rechts) Anfrage.

den können. Der Erwartungswert über alle Realisationen ergibt dann den durchschnittlichen Nutzen bzw. Kostenbeitrag, den diese Variable für das Gesamtmodell liefert. Für die Variable *UV* ergibt sich damit der bereits genannte Versicherungsbeitrag von 500DM/Person (siehe Abb. 6.3, links).

Aus den vorgegebenen Rabattkombinationen lassen sich insgesamt 27 Regeln für die Kfz-Haftpflicht (inkl. der Zweitwagenbesitzer) ableiten. Nach Eingabe dieser Regeln kann die Iteration gemäß Abschnitt 5.3.3 begonnen werden. In Abb. 6.3 ist in den Spalten 1 und 2 für jede Regel die geforderte bedingte Wahrscheinlichkeit sowie der zugehörige α−Wert abzulesen. Auf Basis der zerlegten Verteilung mit maximaler Entropie lassen sich nun diverse Schlußfolgerungen ziehen.

6.1.3 Einfache und komplexe Anfragen

In einer *einfachen Anfrage* werde eine oder mehr Variable mit einem konkreten Wert belegt. Als Ergebnis dieser Operation werden von der Shell die bedingten Randverteilungen für alle übrigen Variablen in Form von Balkendiagrammen ausgegeben. Auf diese Weise könnte ein Versicherer für nicht vorgegebene Merkmalskombinationen die jeweiligen Schadenhäufigkeiten schätzen. Ein Beispiel hierfür findet sich in Abb. 6.4, links.

Bei einer *komplexen Anfrage* wird die temporäre Gültigigkeit einer oder mehrerer probabilistischer Regeln/Fakten unterstellt. Für die hier betrachtete Fallstudie ist eine komplexe Anfrage bei unsicherer Auskunft des Versicherungsnehmers sinnvoll. Dieser Fall kann beispielsweise eintreten, wenn zwar eine Garage vorhanden ist, diese aber aufgrund äußerer Umstände nur zu 80% genutzt werden kann. Weiterhin mag die jährliche Fahrleistung unter $20 tkm$ liegen, aber ansonsten nicht vorhersagbar sein. Für diesen Spezialfall sind in Abb. 6.4 die probabilistischen Fakten Nr. 28-32 dargestellt.[5] Nach der Iteration (nur über diese Teilmenge) liefert die Shell als Ergebnis der Anfrage eine Verteilung mit minimaler relativer Entropie zur Ausgangsverteilung (vgl. auch Abschnitt 5.4.2). Die nachstehende Tabelle faßt die Ergebnisse einiger ausgewählter Anfragen zusammen.

Kombination	Rabatt/Aufschlag
Wenigfahrer/ ab 60 Jahre	- 10%
Wenigfahrer/ von 25 bis 59	- 20%
Einzelfahrer/ bis 25 Jahre	+2% (Abb. 6.4, links)
Garagenparker (0.8) / von 25 bis 59	-10% (Abb. 6.4, rechts)

---

[5] Aus technischen Gründen werden die logischen Symbole „∧, ∨, ¬" in den Abbildungen durch die Zeichen „&, |, !" repräsentiert.

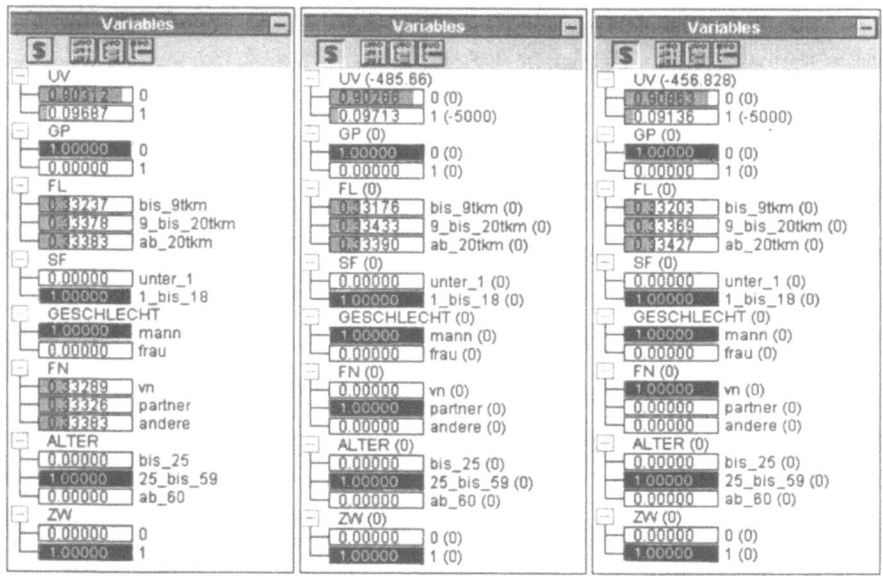

Abb. 6.5: Beispiel für ein einfaches einstufiges Entscheidungsproblem

6.1.4 Einfache Anfragen bei der Lösung von Entscheidungsproblemen

Bei der bisherigen Betrachtungsweise wurde das Modell lediglich aus der Sicht der Versicherungsgesellschaft betrachtet. Aus der Sicht des Versicherungsnehmers kann das Modell als *einstufiges* stochastisches Entscheidungsproblem aufgefaßt werden. Gesetzt den Fall, der Versicherungsnehmer erfüllt die Merkmalskombination in Abb. 6.5, links. Seine jährliche Fahrleistung kennt er nicht, aber er kann sich frei entscheiden, ob er dem Partner seinen Zweitwagen zur Verfügung stellt oder nicht. Er wird sich für die langfristig günstigere Alternative entscheiden, die hier durch zwei einfache Anfragen ermittelt werden kann. Als Ergebnis werden zwei Erwartungswerte ausgegeben (mitte und rechts), die zu dem Vorschlag führen, den Zweitwagen (wegen $-485,66 < -456,83$) alleine zu nutzen.

Obwohl das Modell sehr einfach ist, zeigt sich die prinzipielle Idee der Verwendung von SPIRIT in Entscheidungssituationen. Es wird eine Variable

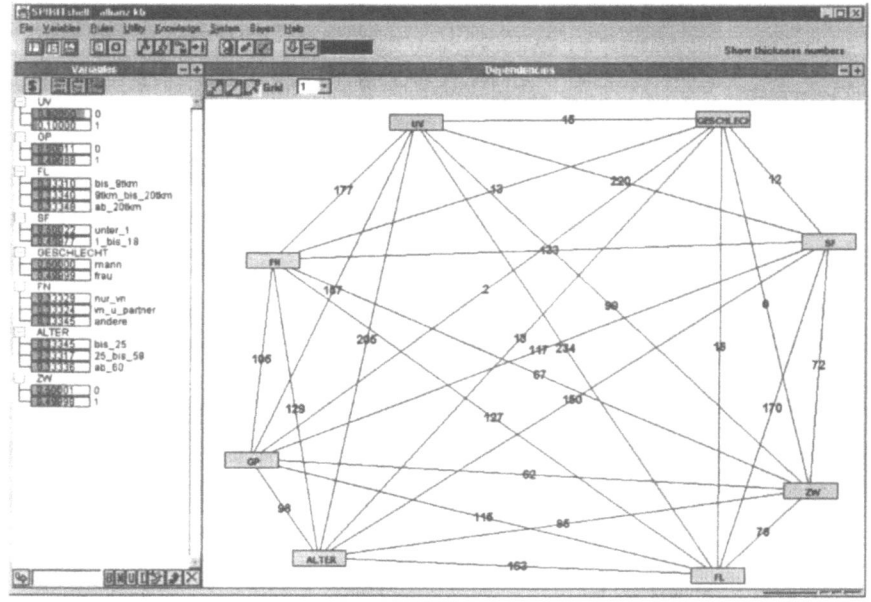

Abb. 6.6: Kantengewichte im Markov-Netz

als Entscheidungsvariable ausgezeichnet und für jeden Wert eine einfache Anfrage durchgeführt. Man entscheidet sich dann für diejenige Alternative, die zu minimalen erwarteten Kosten führt.

6.1.5 Analyse der Abhängigkeitsstruktur zwischen den Variablen

In Abschnitt 3.2.2 wurden Markov-Netze zur graphischen Repräsentation von bedingten Unabhängigkeiten behandelt. Insbesondere wurde dort ein Kantengewicht eingeführt, das die „Stärke" der Abhängigkeit zwischen zwei Variablen mißt. Für das hier betrachtete Beispiel wird von der Shell das in Abb. 6.6 dargestellte Markov-Netz erzeugt, wobei die Kantengewichte gemäß Def. 3.5 berechnet sind. Aus dem Netz läßt sich ein relativ starker Einfluß der Variablen Schadenfreiheitsklasse, Lebensalter und Fahrleistung auf die Schadenhäufigkeit ablesen. In Abb. 6.7 (links) tritt dies bei einem

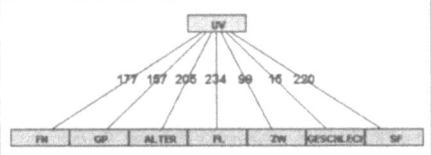 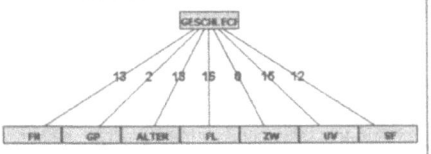

Abb. 6.7: Kantenstärken für zwei ausgewählte Variablen

etwas übersichtlicherem Layout deutlich hervor. Die genannten Größen charakterisieren genau die Risikogruppen, die im vorhinein von allen Rabatten ausgeschlossen wurden. Weiterhin erkennt man, daß das Geschlecht nur einen sehr schwachen Einfluß auf die übrigen Größen besitzt. Derartige Informationen können in zweifacher Hinsicht bei der Modellierung genutzt werden:

1. Bei der Aufstellung einer Rabattstaffel seitens des Versicherungsunternehmens ergibt sich die Frage, welche Merkmale als relevant für die Gewährung eines Rabattes anzusehen sind. Zur Behandlung dieser Frage kann man zunächst eine sehr große Menge von Regeln erzeugen, in denen alle denkbaren Einflußgrößen in der Prämisse enthalten sind. Die zugehörigen bedingten Wahrscheinlichkeiten lassen sich aus einer Statistik durch relative Häufigkeiten schätzen. Nach der Ermittlung einer Verteilung mit maximaler Entropie läßt sich mit Hilfe der Kantengewichte im Markov-Netz eine Menge von wesentlichen Einflußfaktoren herausfiltern.

2. Nach der Erweiterung eines Modells durch neue Regeln führt die Zerlegung des Zustandsraums unter Umständen nicht mehr zu befriedigenden Lösungen. In diesem Fall kann man durch die Vernachlässigung von schwachen Abhängigkeiten ein weniger komplexes Problem betrachten. Diese Lösung stellt natürlich immer einen Kompromiß zwischen der Modellgüte und der verfügbaren Rechenzeit bzw. Speicherkapazität dar.

6.1.6 Zusammenfassung der Ergebnisse

Das hier vorgestellte Modell unterscheidet sich von der tatsächlichen Praxis der Tarifberechnung eines Versicherungsrisikos erheblich. Mit wachsender Differenzierung der Gruppen entsteht anstelle des eigentlichen Solidargedankens eine Konkurrenz zwischen den verschiedenen Merkmalsgruppen, da ein gewährter Rabatt in einer Merkmalsgruppe einen entsprechenden Aufschlag für die übrigen Versicherungsnehmer zur Folge hat. Dennoch verfügt es über einige Vorteile:

1. Das Modell ist konsistent in dem Sinne, daß die Gesamtschadenshöhe durch die Gesamtbeitragszahlungen abgedeckt wird.

2. Das Modell ist gerecht, da die Höhe der Beiträge für jeden Versicherungsnehmer direkt proportional zum jeweiligen Unfallrisiko ist.

3. Das Modell ist auf jeden Informationstand anpaßbar. Die zu zahlende Versicherungsprämie wird auf Basis einer Verteilung berechnet, die die vorhandene Information bestmöglich repräsentiert. Falls keine Information vorhanden ist, wird jeder Versicherungsnehmer mit derselben Beitragshöhe belastet.

6.2 Einige Modelle zur Untersuchung der Leistungsfähigkeit der Shell

Die nun folgenden Modelle werden nicht aus inhaltlicher, sondern aus technischer Sicht analysiert. Der primäre Zweck besteht darin, die Leistungsfähigkeit der Shell SPIRIT anhand von einigen Anwendungsfällen zu dokumentieren.

6.2.1 Kurzbeschreibung der Test-Modelle

Es werden die folgenden Anwendungsbeispiele betrachtet:[6]

---
[6] Alle Modelle sind verfügbar über Internet [105].

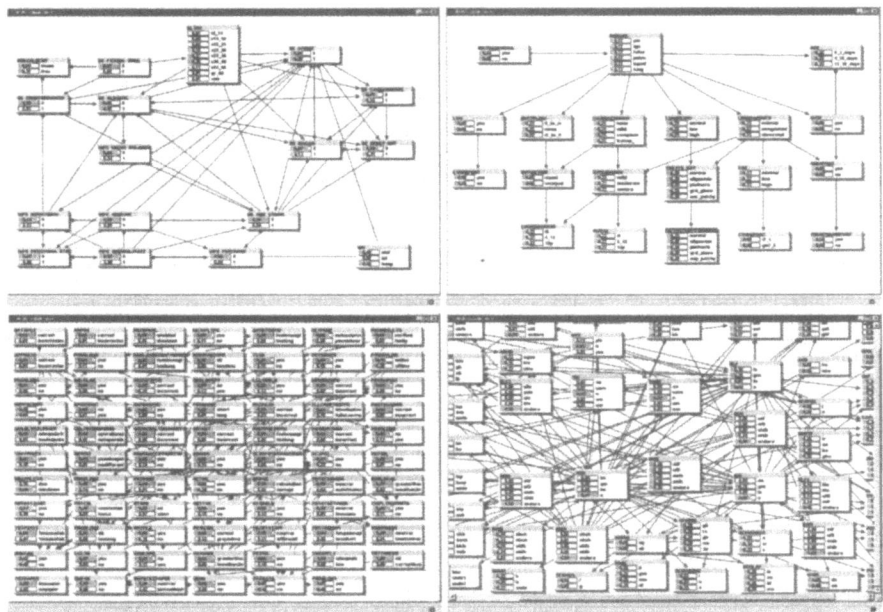

Abb. 6.8: Inferenznetze der Testmodelle

Rabatt: Das im vorherigen Abschnitt entwickelte Modell zur Gestaltung eines Tarifsystems wird hier technisch untersucht.

Krefeld: Bei dem Modell „Krefeld" handelt es sich um eine medizinisch-soziologische Fallstudie, bei der ein Fragebogen zur Drogenproblematik in der Stadt Krefeld statistisch ausgewertet wurde. Das Modell soll den dortigen Mitarbeitern in den Beratungsstellen eine Hilfestellung bei der Behandlung von Suchtkrankheiten bieten. Es enthält 17 Variable und 103 Regeln, die mit Hilfe eines Computerprogramms zur Entdeckung von signifikanten Regeln in statistischen Daten automatisiert erzeugt wurden[7] (siehe Abb. 6.8, links oben).

Blue-Baby: Das Modell „Blue Baby" ist im Original für ein Expertensystem basierend auf gerichteten Graphen entwickelt und aufgrund

---
[7] siehe auch: Rödder & Kern-Isberner [75], Meyer et.al. [61].

seines relativ breiten Bekanntheitsgrades ausgewählt worden.[8] Mit Hilfe des Modells soll die telefonische Fern-Diagnose von angeborenen Herzkrankheiten bei Kleinkindern erleichtert werden. Es ist frei verfügbar und wurde speziell für Testzwecke auf das Eingabeformat der Shell konvertiert. Es enthält 20 Variable und 340 Regeln (siehe auch Abb. 6.8, rechts oben).

PTS: Ebenso wie das „Blue-Baby" Modell wurde auch der „Print-Troubleshooter" (PTS) im Original für ein graphisches Expertensystem entwickelt und für Testzwecke konvertiert. Das Modell ist als technisches Fehlerdiagnosesystem zur Behebung von Funktionsstörungen bei Druckern konzipiert und wird derzeit bei der Benutzerberatung für das Betriebssystem Windows 95 eingesetzt.[9] Die von Breese [9] zur Verfügung gestellte Version enthält 76 Variable und 574 Regeln (siehe Abb. 6.8, links unten).

Bagang: Das von Xu [99] zur Verfügung gestellte Modell „Bagang" befindet sich derzeit im Entwicklungsstadium. In dem Modell sollen Kenntnisse der chinesischen Medizin in Form von probabilistischen Fakten und Regeln formuliert werden. Im bisherigen Zustand enthält es 57 Variable und 205 Regeln (siehe Abb. 6.8, rechts unten).

Die nun folgenden Tests sind mit einem JAVA-Code durchgeführt, der im Rahmen einer Diplomarbeit an der Universität Ulm erstellt wurde.[10] In dem Quell-Code sind alle vorgestellten Algorithmen implementiert. Die Tests wurden auf einem Pentium-Rechner (133Mhz/32MB) unter dem Betriebssystem Windows 95 vorgenommen.

6.2.2 Aufbau des Verbindungsbaums

In Tabelle 6.1 finden sich die Ergebnisse einiger Tests, in denen sowohl die benötigte Zeit für den Aufbau eines Verbindungsbaumes als auch die

---

[8] siehe auch Spiegelhalter & Cowell [86], [87], sowie Lauritzen et.al. [51].
[9] siehe auch Breese & Heckerman [10].
[10] siehe Knublauch [43].

Modell	MaxCS	MinCF	MinCS	MinCW
Rabatt	2420/4400²	3460/4230	2690/4390	2910/4120
8/28 (864)¹	1/864/864³	1/864/864	1/864/864	1/864/864
Krefeld	1920/7470	6540/6810	2300/6870	2850/6650
17/103 (884736)	11/288/672	11/288/672	11/288/672	11/288/668
Blue-Baby	5330/21090	9170/20650	6810/23230	7030/22680
20/340 ($1.1 \cdot 10^9$)	17/216/642	17/216/642	17/216/642	17/216/678
PTS	37400/127760	216470/120400	50700/120070	63110/124570
76/574 ($7.5 \cdot 10^{22}$)	47/4096/8380	50/512/2684	50/512/3132	50/512/3132
Bagang	8240/86890	150390/83440	12020/87770	21640/87390
57/205 ($6.4 \cdot 10^{30}$)	51/32000/172488	51/32000/172488	51/32000/172488	51/32000/172488

[1] Variable/Regeln (Konfigurationen im unzerlegten Zustandsraum)
[2] Rechenzeit für 100 Enumerationen/Aufbau des Verbindungsbaums (in ms)
[3] Anzahl LEG's/Gewicht der größten LEG/Gesamtgewicht über alle LEG's

Tabelle 6.1: Testergebnisse für den Aufbau des Verbindungsbaumes

Qualität der Lösung untersucht wird. Dabei wurden die in Abschnitt 5.2.3 vorgestellten *Fill-In*-Heuristiken sowie die *Maximum Cardinality Search* verwendet.[11]

Die Zeitangaben sind aufgrund der unvorhersehbar schwankenden Auslastung des Multitasking-Betriebsystems eher als qualitative Werte zu verstehen. Dennoch ergeben sich für die Rechenzeiten teilweise recht deutliche Differenzen bei den Enumerationsverfahren. Diese erklären sich aus den unterschiedlichen Komplexitäten der Heuristiken. In der Implementierung wird der Schnittgraph durch Adjazenzlisten für jeden Knoten repräsentiert. In allen Heuristiken muß zur Bestimmung des nächsten zu numerierenden Knotens die Restliste der bisher nichtnumerierten Knoten durchlaufen werden.[12] Bei n Knoten ist der Aufwand also mindestens $\mathcal{O}(n)$. Für die *Minimum-Clique-Size*-Heuristik ist lediglich die Anzahl der Nachbarn im Schnittgraphen zu vergleichen. Diese ist durch die Länge der Adjazenzliste bereits gegeben. Für die *Minimum-Clique-Weight*-Heuristik ist zusätzlich noch in jedem Schritt das Gewicht der Cliquen zu berechnen. Ist m die Anzahl der Nachbarn eines Knotens, so ist der Aufwand hierfür von der Größenordnung

---
[11] Als zusätzliche Option ist in der Shell die Vorgabe einer beliebigen Numerierung der Variablen vorgesehen. Diese kann beispielsweise durch ein externes Programm erzeugt werden.
[12] siehe auch Knublauch [43].

Modell	Iter4	Iter6	Iter8	Iter10	ReInit	Prop
Rabatt 8/28	100[1] 442/259[2]	100 788/644	110 1258/1108	110 1617/1503	1870[3]	220[4]
Krefeld 17/103	1310 16899/8836	3300 59738/42499	7360 133239/109504	12690 226838/199361	2360	390
Blue-Baby 20/340	210 2955/1265	220 4083/2140	280 5230/3031	380 6565/4122	5710	500
PTS 76/574	210 1352/721	280 1645/895	330 1897/1037	380 2297/1199	19440	2360
Bagang 57/205	3970 1147/343	4670 1486/478	4830 1636/630	5710 2024/819	110010	81020

[1] Rechenzeit für die Iteration bis zum Erreichen der Abbruchbedingung (in ms)
[2] Anzahl der Prüfungen/tatsächliche Iterationsschritte
[3] Rechenzeit für 10 Re-Initialisierungen inkl. Neuaufbau des Verbindungsbaums (in ms)
[4] Rechenzeit für 100 globale Propagationen (in ms)

Tabelle 6.2: Testergebnisse für Iterationen, Transformationen und Propagationen

$\mathcal{O}(m \cdot n)$. Bei dem *Minimum-Clique-Fill-In* muß schließlich für alle Nachbarn eines Knotens geprüft werden, ob eine Kante einzufügen ist. Der Aufwand liegt in der Größenordnung $\mathcal{O}(m^2 \cdot n)$. Dies erklärt die hohen Rechenzeiten für das Bagang- und das PTS-Modell, da deren Schnittgraphen relativ dicht vermascht sind. Es wird aber deutlich, daß der Zeitaufwand zur Erzeugung des Verbindungsbaums in allen Fällen im Sekundenbereich liegt.

Wie das PTS-Modell zeigt, können in der Lösungsqualität je nach Wahl der Enumerationsheuristik unter Umständen sehr beträchtliche Unterschiede auftreten. Andererseits gibt es natürlich Modelle, bei denen die Lösungsheuristik keinen Einfluß auf das Ergebnis der Zerlegung hat, wie beispielsweise das Bagang bzw. das Rabatt-Modell. Ansonsten bestätigen die hier ermittelten Ergebnisse in etwa die Resultate von Kjaerulff [42].

6.2.3 Iterationen, Transformationen und Propagationen

In Tabelle 6.2 sind diverse Test-Ergebnisse für die wichtigsten Algorithmen und Verfahren auf einem Verbindungsbaum protokolliert. Bei den Tests

IterN wurde die Iteration ausgehend von der Gleichverteilung bis zum Erreichen der Abbruchbedingung durchgeführt. Die Endziffer im Testnamen repräsentiert die Genauigkeitsschranke der Abbruchbedingung. Beispielsweise bedeutet *Iter8* den Abbruch der Iteration bei einer vorgegebenen Toleranzgrenze von $\epsilon < 10^{-8}$ (siehe auch Abschnitt 5.3.3, S. 101). In der Tabelle sind die Rechenzeit sowie die durchgeführten Iterationsschritte eingetragen, wobei die Iterationsschritte in Prüf- und tatsächliche Iterationsschritte unterteilt sind. Unter einem Prüfschritt wird die Berechnung der aktuellen bedingten Wahrscheinlichkeit einer Regel bzw. eines Faktes verstanden. Falls diese außerhalb der Toleranzgrenze liegt, wird ein lokaler Iterationsschritt durchgeführt.

Für das Bagang-Modell läßt sich eine große Differenz zwischen Prüf- und tatsächlichen Iterationsschritten beobachten. Dies weist darauf hin, daß die aktuellen bedingten Wahrscheinlichkeiten für einige Regeln bereits nach wenigen Schritten innerhalb der Toleranzgrenze liegen.[13]

Ebenso wie im vorherigen Abschnitt sind die Rechenzeiten aus den bereits genannten Gründen eher qualitativ zu verstehen. Eine Abschätzung der benötigten Rechenzeit bzw. der Anzahl der Iterationschritte ist im vorhinein kaum möglich, da in dem Konvergenzbeweis zu Satz 2.5 lediglich die Existenz von konvergenten Teilfolgen gezeigt wird. Über die Konvergenzgeschwindigkeit kann also keine präzise Aussage gemacht werden. So ist beispielsweise der Rechenaufwand für das Krefeld-Modell ca. 100 mal höher als beim PTS-Modell, obwohl im letztgenannten wesentlich mehr Variable und Regeln enthalten sind.

Bei dem *ReInit*-Test wurde die folgende Sequenz 10 mal wiederholt:

1. Enumeration der Variablen gemäß Minimum Clique Size und Aufbau des Verbindungsbaums gemäß Abschnitt 5.2.3.

2. Durchführung der Re-Initialisierung gemäß Abschnitt 5.4.1.

Der Test besitzt eine hohe Praxisrelevanz, da die obige Sequenz jedesmal beim Laden und bei Veränderungen in einer Wissensbasis durchlaufen wird.

---

[13] Die Aussage läßt sich konkret für jede Regel überprüfen, da die Shell über eine Option verfügt, bei der die Anzahl der tatsächlichen Iterationsschritte für jede Regel getrennt ausgegeben wird.

Der benötigte Rechenaufwand ist im wesentlichen abhängig von dem Gesamtgewicht des erzeugten Verbindungsbaums und der Anzahl der Regeln. Dies erklärt auch das Maximum ($10s$) für das Bagang-Modell.

Schließlich ist in der letzten Spalte die benötigte Rechenzeit für 100 globale Propagationen auf der zerlegten Verteilung eingetragen. Der Test mißt die Antwortzeit für eine einfache Anfrage. Diese liegt in allen Modellen deutlich unter einer Sekunde.

Insgesamt zeigen die Testergebnisse, daß die in Kapitel 5 vorgestellten Zerlegungsverfahren eine effiziente Berechnung und Repräsentation der gemeinsamen Verteilung mit maximaler Entropie erlauben. Auf Basis dieser Verteilung lassen sich einfache und komplexe Anfragen innerhalb einer im Sekundenbereich liegenden Zeitspanne beantworten. Für einfache Anfragen ist die Antwortzeit sogar im vorhinein — bei einem gegebenen Verbindungsbaum — abschätzbar. Das System kann also auch in zeitkritischen Anwendungsfällen unter Echtzeitbedingungen eingesetzt werden. Derartige Anwendungen treten beispielsweise bei der Steuerung und Störfall-Behebung von technischen Systemen auf.

Kapitel 7

Zusammenfassung, Erweiterungen und offene Fragen

In dieser Arbeit wurden die wesentlichen theoretischen Grundlagen der probabilistischen Expertensystem-Shell SPIRIT behandelt. Es wurde gezeigt, daß die Eingabe und Verarbeitung von probabilistischen Fakten und Regeln in effizienter Weise möglich ist. Der Bedarf an Rechenzeit und Speicherplatz ist im allgemeinen nicht von der Anzahl der Variablen und Regeln, sondern von der Komplexität der Regelmenge abhängig. Sehr komplizierte Regelmengen können zu großen LEGs und damit zu einem hohen Speicher- und Rechenaufwand führen. Dieses Problem läßt sich aber oftmals durch eine geschickte Formulierung der Regeln vermeiden. Man beachte hier, daß ein Wissensgebiet meist auf unterschiedliche Weise strukturiert werden kann. Falls dies nicht möglich ist, liefern die Kantengewichte im Markov-Netz einen Hinweis, wie ein sinnvoller Kompromiß zwischen Modellgüte und Rechen- bzw. Speicherbedarf zu finden ist.

Die Shell besitzt einige Vorteile gegenüber den gängigen Expertensystemen auf Basis gerichteter Graphen. Bei diesen Systemen müssen sämtliche bedingten und unbedingten Wahrscheinlichkeiten für jeden Knoten spezifiziert werden. Dies führt in der Regel dazu, daß dem Experten abverlangt wird, Wahrscheinlichkeiten zu schätzen bzw. zu erfinden, die er eigentlich nicht kennt. Weiterhin ist die Eingabeform des Expertenwissens in der Shell SPIRIT wesentlich flexibler. Es können sowohl auf der linken als auch auf der rechten Seite einer Regel beliebige logische Ausdrücke formuliert werden. Somit ist natürlich ein Import der Standardformate zum Austausch von graphischen Modellen möglich.[1] Anders als in Bayes-Netzen ist in SPIRIT die Modellierung zyklischer (stochastischer) Abhängigkeiten erlaubt — ein unbestreitbarer Vorteil. So können beispielsweise wechselseitige „Feedbacks" zwischen den Variablen modelliert werden. Hinsichtlich der Antwortzeiten für einfache Anfragen ist die Shell mit kommerziell verfügbaren Systemen vergleichbar. Die Möglichkeit, auch komplexe Anfragen an die Shell zu richten, ist bei den graphischen System in dieser Form unbekannt.

Ein wesentliches Anwendungsgebiet der Shell wird voraussichtlich in der Lösung von *mehrstufigen* stochastischen Entscheidungsproblemen liegen. Die Lösung dieser Probleme kann beispielsweise mit Verfahren aus der stochastischen dynamischen Optimierung erfolgen. Durch diese Erweiterung sind auch sehr hochdimensionale mehrstufige Entscheidungsprobleme lösbar, bei denen das klassische Entscheidungsbaumverfahren[2] aufgrund des Problemumfanges technisch nicht mehr greift.

Abschließend sollen noch einige offene Fragen angesprochen werden, deren Beantwortung eine sinnvolle Weiterentwicklung der Shell ermöglicht:

Strukturelles Lernen aus statistischen Daten: Wie kann man aus einer Stichprobe eine geeignete Menge von Regeln ermitteln, deren zugehörige Verteilung mit maximaler Entropie die realen Zusammenhänge möglichst gut beschreibt ?

Prüfung auf Konsistenz: Wie kann man für eine Menge von Regeln effizient feststellen, ob diese konsistent ist ?

---

[1] Bisher sind das allgemeine *Bayesian Interchange Format* sowie die Formate der Systeme HUGIN und *Microsoft Belief Network* importierbar (siehe hierzu auch im Internet: [104], [102] sowie [101]).
[2] siehe Raiffa [70].

Interpretation der Inkonsistenz: Welche Verteilung kann man sinnvollerweise einer inkonsistenten Regelmenge zuordnen und wie ist diese Verteilung zu interpretieren ?

Die erste Frage ist für Problemdomänen relevant, in denen zwar große Mengen an statististischen Daten, aber kein Experte verfügbar ist. Für die graphischen Modelle existieren bereits einige Verfahren und Computer-Programme zur Erzeugung eines (un-) gerichteten graphischen Modells aus einer Stichprobe.[3] Es ist unklar, ob diese Verfahren auch auf die obige Fragestellung übertragbar sind, oder ob prinzipiell neue Verfahren entwickelt werden müssen.

Die zweite Frage wird zum Teil in Abschnitt 4.2 durch das Corollar 4.4 beantwortet, allerdings ist die die Anzahl der benötigten Iterationsschritte bis zum Erreichen der dort angegebenen Bedingung im vorhinein unbekannt. Die Prüfung auf Konsistenz mit Hilfe der Potentialiteration stellt daher keine völlig überzeugende Lösung dar.

Eine befriedigende Antwort auf die dritte Frage hat erhebliche praktische Konsequenzen, da sich hierdurch ein Ansatz zur automatisierten Korrektur einer inkonsistenten Regelmenge bietet. Allerdings wirft die Frage ein grundsätzliches Problem auf: Abgesehen davon, daß die gesuchte Verteilung zerlegbar und effizient zu erzeugen sein sollte, mag die „Güte" der Verteilung auch von dem konkreten Anwendungsfall abhängen. Es ist also vorher zu hinterfragen, welche Erwartungen an die Lösung zu stellen sind, da ansonsten eine eindeutige Antwort kaum möglich ist.

Die genannten Probleme sind Gegenstand einiger Veröffentlichungen[4] und diverser jährlich stattfindender Konferenzen[5] — dennoch ist derzeit noch keine allgemein anerkannte Lösung in Sicht. Hier sind die Ergebnisse weitergehender Forschungsarbeiten abzuwarten.

---

[3] vgl. hierzu auch Edwards [18].
[4] siehe bspw. Arnold et.al. [2], oder auch Matúš [59].
[5] Die wichtigste ist die jährlich stattfindende *Conference on Knowledge Discovery and Data Mining (KDD) [107]*

Anhang

Definitionen und Bezeichnungen aus der Graphentheorie

Ungerichtete Graphen

Definition 7.1 *Ein <u>ungerichteter</u> Graph ist ein Paar (V, E), bestehend aus einer endlichen Menge V, den <u>Knoten</u>, sowie einer Teilmenge von ungeordneten Paaren[6] $E \subseteq V \times V$, den <u>Kanten</u>.*

In einem ungerichteten Graph $G = (V, E)$ bezeichnet:

- $bd(v) := \{w \in V | (v, w) \in E\}$: die Menge aller Nachbarn (boundary).

- $cl(v) := \{v \cup bd(v)\}$: die Menge aller Nachbarn einschließlich v (closure).

Für Knotenmengen $S \subseteq V$ gilt:

- G_S ist der durch die Menge S induzierte Untergraph, also: $G_S = (S, E_S)$, wobei E_S die Menge aller Kanten sei, die durch Knoten in S verbunden sind.

- $bd(S) := \bigcup_{v \in S} bd(v)$.

- $cl(S) := \bigcup_{v \in S} cl(v)$.

---

[6] d.h. mit $(v, w) \in E$ folgt auch $(w, v) \in E$.

Definition 7.2 *Ein Graph* (V, E) *ist* vollständig, *wenn je zwei beliebige voneinander verschiedene Knoten aus* V *eine Kante besitzen, d.h.* $\forall v, w \in V : (v, w) \in E$.

Definition 7.3 *Eine Teilmenge* $C \subseteq V$ *von Knoten eines Graphen* (V, E) *heißt* Clique, *wenn* C *vollständig und* maximal *ist, d.h. für alle Knoten* $v \in V$ *mit* $v \notin C$ *gilt:* $C \cup \{v\}$ *ist nicht vollständig.*

Definition 7.4 *Es sei* (V, E) *ein ungerichteter Graph. Die Knotenmenge* $S \subseteq V$ trennt *die Knotenmengen* $A, B \subseteq V$, *wenn jeder Weg zwischen einem Knoten aus* A *und einem Knoten aus* B *einen Knoten aus* S *enthält.*

Gerichtete Graphen

Definition 7.5 *Ein* gerichteter *Graph ist ein Paar* (V, E), *bestehend aus einer endlichen Menge* V, *den* Knoten, *sowie einer Teilmenge von geordneten Paaren* $E \subseteq V \times V$, *den* Pfeilen.

Definition 7.6 *Eine Folge von paarweise verschiedenen Knoten* $v_1, \ldots, v_k \in V$ *in einem gerichteten Graphen* (V, E) *heißt* Pfad, *wenn gilt :* $(v_i, v_{i+1}) \in E$, $\forall i \in \{1, \ldots, k-1\}$. *Gilt noch zusätzlich:* $v_1 = v_k$, *so heißt die Folge* Zyklus. *Ein Graph, der keine Zyklen enthält, heißt* azyklisch

In einem azyklischen gerichteten Graphen bezeichnet:

- $pa(v) := \{w \in V | (w, v) \in E\}$: die Menge aller direkten Vorgänger (parents).

- $an(v) := \{w \in V | \text{ Es gibt einen Pfad von } w \text{ nach } v\}$: die Menge aller Vorgänger (antecedents).

- $ch(v) := \{w \in V | (v, w) \in E\}$: die Menge aller direkten Nachfolger (childs).

Für Knotenmengen $S \subseteq V$ gilt: $an(S) := \bigcup_{v \in S} an(v)$.

Testergebnisse für diverse Fill-In Verfahren

Algorithm[1]	Minimum			Average/median			Maximum		
	$\|F\|$	$w(G)^2$	$w(G)^3$	$\|F\|$	$w(G)^2$	$w(G)^3$	$\|F\|$	$w(G)^2$	$w(G)^3$
Random elimination	283	32.86	19.72	390	48.31	26.19	565	54.77	31.46
Max. cardinality	222	27.24	16.51	305	36.61	20.57	406	41.46	23.42
Lexicographic search	217	26.41	16.49	297	33.77	19.84	405	38.25	22.82
Thinning (random)	184	25.01	15.59	254	32.95	18.83	339	37.04	22.20
Ext. Random elim.	204	24.72	15.88	260	32.86	18.91	343	37.20	21.09
Thinning (max card)	182	24.62	15.42	224	31.36	17.53	300	35.97	20.53
Min. size heuristic	149	23.05	14.36	157	25.93	15.11	169	28.67	16.37
Min. weight heuristic	156	25.06	- - -	158	25.34	- - -	160	25.92	- - -
Min. fill heuristic	149	24.82	14.57	151	24.97	14.60	153	25.61	14.74

Algorithm[1]	Minimum			Average/median			Maximum		
	$\|F\|$	$w(G)^2$	$w(G)^3$	$\|F\|$	$w(G)^2$	$w(G)^3$	$\|F\|$	$w(G)^2$	$w(G)^3$
Random elimination	538	62.84	37.33	677	73.57	41.99	795	77.40	44.83
Max. cardinality	499	59.14	34.82	567	66.41	38.21	615	67.92	39.21
Lexicographic search	432	54.39	32.59	538	65.41	36.73	644	70.84	40.80
Thinning (random)	439	53.72	31.70	525	63.92	36.29	633	69.94	41.00
Ext. Random elim	412	52.88	31.74	528	62.73	36.25	638	66.87	39.66
Thinning (max card)	438	56.42	32.92	481	59.57	34.26	545	62.53	35.72
Min. size heuristic	384	55.01	31.69	387	56.37	32.06	394	57.09	32.22
Min. weight heuristic	374	54.40	31.82	390	56.35	32.31	398	57.81	32.73
Min. fill heuristic	388	53.48	- - -	388	53.48	- - -	388	53.48	- - -

[1] 100 Durchläufe, [2] Variablen mit 2-5 Werten, [3] Alle Variablen binär

Die Tabellen sind entnommen aus: Kjaerulff [42], S. 26, Tab. 1.3 und 1.4. Aufgelistet sind die Ergebnisse von jeweils 100 zufällig erzeugten dünn (oben) und dicht (unten) vermaschten Graphen. Ein Graph mit n Knoten kann maximal $N := \binom{n}{2}$ Kanten enthalten. Ein Graph mit e Kanten ist *dünn vermascht*, wenn gilt: $e \leq \frac{1}{10}N$. Ein Graph ist *dicht vermascht*, wenn gilt: $e \geq \frac{1}{4}N$.

$|F|$: ist die Anzahl aller zugefügten Kanten.

$w(G)$: ist das Gewicht des triangulierten Graphen.

Variable und Regeln für das Rabatt-Modell

Als Beispiel für das Eingabeformat der Shell sind nachstehend alle Variablen und Regeln des in Kapitel 6 behandelten Rabatt-Modells aufgelistet. Die Auflistung ist in drei Blöcke (*Net, Variables, Rules*) aufgeteilt. Die Bedeutung der Eingabezeilen sollte sich unmittelbar aus den Ausführungen in Kapitel 6 ergeben.[7] Zusätzlich wurden einige Kommentare nachträglich eingefügt.

```
net{
    ssEnumMethod = "1"; // Wahl der Enumerationsheuristik
    ssIterationThreshold = "1e-010"; // Abbruchkriterium der Iteration
}

// Variables...

node UV {
    type = boolean;
    utilities = (0, -5000); // Zuweisung eines Nutzenwertes
    ssPosY = "16";  // Bildschirmkoordinaten des Knotens im Inferenz-Netz
    ssPosX = "216"; // dito
    enum = 7;       // Zugewiesener Enumerations-Index
}
node GP {
    type = boolean;
    ssPosY = "428";
    ssPosX = "24";
    enum = 6;
}
node FL {
    type = nominal;
    states = ("bis_9tkm", "9_bis_20tkm", "ab_20tkm");
    ssPosY = "568";
    ssPosX = "572";
    enum = 5;
}
node SF {
    type = nominal;
```

---

[7]In Knublauch [43], S. 77 ist die Syntax des Eingabeformates in Backus-Naur-Form beschrieben.

```
        states = ("unter_1", "1_bis_18");
        ssPosY = "160";
        ssPosX = "700";
        enum = 4;
    }
    node GESCHLECHT {
        type = nominal;
        states = ("mann", "frau");
        ssPosY = "12";
        ssPosX = "576";
        enum = 3;
    }
    node FN {
        type = nominal;
        states = ("vn", "partner", "andere");
        ssPosY = "184";
        ssPosX = "48";
        enum = 2;
    }
    node ALTER {
        type = nominal;
        states = ("bis_25", "25_bis_59", "ab_60");
        ssPosY = "548";
        ssPosX = "104";
        enum = 1;
    }
    node ZW {
        type = boolean;
        ssPosY = "464";
        ssPosX = "680";
        enum = 0;
    }

    // Rules...

    rule {
        string = UV;   // Zeichenkette der probabilistischen Regel
        prob = 0.1;    // Geforderte bedingte Wahrscheinlichkeit
        alpha = 0.1137157013748603309; // Nach Abbruch der Iteration
                                       berechneter Alpha-Wert
    }
    rule {
```

```
    string = SF=1_bis_18 & !ZW & ALTER!=bis_25 & FL!=ab_20tkm & GP => UV;
    prob = 0.09;
    alpha = 1.0881461304066464104;
}
rule {
    string = SF=1_bis_18 & !ZW & ALTER!=bis_25 & FL=bis_9tkm => UV;
    prob = 0.085;
    alpha = 0.9563852197906660073;
}
rule {
    string = SF=1_bis_18 & !ZW & ALTER=25_bis_59 & GESCHLECHT=frau &
            FL!=ab_20tkm & FN=vn => UV;
    prob = 0.09;
    alpha = 1.1407808740032159142;
}
rule {
    string = SF=1_bis_18 & !ZW & ALTER=25_bis_59 & GESCHLECHT=mann &
            FL!=ab_20tkm & FN=vn => UV;
    prob = 0.09;
    alpha = 1.0860327255445134490;
}
rule {
    string = SF=1_bis_18 & !ZW & ALTER=25_bis_59 & FL!=ab_20tkm &
            FN=partner => UV;
    prob = 0.09;
    alpha = 0.9874180729466937746;
}
rule {
    string = SF=1_bis_18 & !ZW & ALTER!=bis_25 & GP &
            FL=bis_9tkm => UV;
    prob = 0.075;
    alpha = 0.8115061233996831523;
}
rule {
    string = SF=1_bis_18 & !ZW & ALTER=25_bis_59 & FL!=ab_20tkm &
            GESCHLECHT=frau & FN=vn & GP => UV;
    prob = 0.08;
    alpha = 0.8298116564219881238;
}
rule {
    string = SF=1_bis_18 & !ZW & ALTER=25_bis_59 & GESCHLECHT=frau &
            FN=vn & FL=bis_9tkm => UV;
```

```
    prob = 0.07;
    alpha = 0.7486647836679485647;
}
rule {
    string = SF=1_bis_18 & !ZW & ALTER=25_bis_59 & GESCHLECHT=frau &
             FN=vn & FL=bis_9tkm & GP => UV;
    prob = 0.055;
    alpha = 0.8551246000390385075;
}
rule {
    string = SF=1_bis_18 & !ZW & ALTER=25_bis_59 & FL!=ab_20tkm &
             GESCHLECHT=mann & FN=vn & GP => UV;
    prob = 0.08;
    alpha = 0.8262102957239246312;
}
rule {
    string = SF=1_bis_18 & !ZW & ALTER=25_bis_59 & GESCHLECHT=mann &
             FN=vn & FL=bis_9tkm => UV;
    prob = 0.075;
    alpha = 0.8370801021539173192;
}
rule {
    string = SF=1_bis_18 & !ZW & ALTER=25_bis_59 & GESCHLECHT=mann &
             FN=vn & FL=bis_9tkm & GP => UV;
    prob = 0.06;
    alpha = 0.8848925731232599122;
}
rule {
    string = SF=1_bis_18 & !ZW & ALTER!=25_bis_59 & FL!=ab_20tkm &
             FN=partner & GP => UV;
    prob = 0.08;
    alpha = 0.7782593882136844911;
}
rule {
    string = SF=1_bis_18 & !ZW & ALTER=25_bis_59 & FN=partner &
             FL=bis_9tkm => UV;
    prob = 0.075;
    alpha = 0.9200421924275668811;
}
rule {
    string = SF=1_bis_18 & !ZW & ALTER=25_bis_59 & FN=partner &
             FL=bis_9tkm & GP => UV;
```

```
        prob = 0.06;
        alpha = 0.7316144376648959051;
}
rule {
        string = SF=1_bis_18 & ZW & ALTER=25_bis_59 & FL!=ab_20tkm &
                GESCHLECHT=frau & FN=vn => UV;
        prob = 0.077;
        alpha = 0.9649100556147316080;
}
rule {
        string = SF=1_bis_18 & ZW & ALTER=25_bis_59 & FL!=ab_20tkm &
                GESCHLECHT=mann & FN=vn => UV;
        prob = 0.077;
        alpha = 0.9225125772844972881;
}
rule {
        string = SF=1_bis_18 & ZW & ALTER=25_bis_59 & FL!=ab_20tkm &
                FN=partner => UV;
        prob = 0.081;
        alpha = 1.0557162903801362465;
}
rule {
        string = SF=1_bis_18 & ZW & ALTER=25_bis_59 & FL!=ab_20tkm &
                GESCHLECHT=frau & FN=vn & GP => UV;
        prob = 0.068;
        alpha = 0.8883985619620859355;
}
rule {
        string = SF=1_bis_18 & ZW & ALTER=25_bis_59 & GESCHLECHT=frau &
                FN=vn & FL=bis_9tkm => UV;
        prob = 0.06;
        alpha = 0.7172525237599697694;
}
rule {
        string = SF=1_bis_18 & ZW & ALTER=25_bis_59 & GESCHLECHT=frau &
                FN=vn & FL=bis_9tkm & GP => UV;
        prob = 0.047;
        alpha = 0.7053712569084760619;
}
rule {
        string = SF=1_bis_18 & ZW & ALTER=25_bis_59 & FL!=ab_20tkm &
                GESCHLECHT=mann & FN=vn & GP => UV;
```

```
    prob = 0.068;
    alpha = 0.8844635816055643140;
}
rule {
    string = SF=1_bis_18 & ZW & ALTER=25_bis_59 & GESCHLECHT=mann &
             FI=vn & FL=bis_9tkm => UV;
    prob = 0.064;
    alpha = 0.7947646263678902666;
}
rule {
    string = SF=1_bis_18 & ZW & ALTER=25_bis_59 & GESCHLECHT=mann &
             FI=vn & FL=bis_9tkm & GP => UV;
    prob = 0.051;
    alpha = 0.7287737966420583630;
}
rule {
    string = SF=1_bis_18 & ZW & ALTER!=bis_25 & FL!=ab_20tkm &
             FI=partner & GP => UV;
    prob = 0.072;
    alpha = 0.7303439648237112609;
}
rule {
    string = SF=1_bis_18 & ZW & ALTER=25_bis_59 & FI=partner &
             FL=bis_9tkm => UV;
    prob = 0.068;
    alpha = 0.7440236555095501104;
}
rule {
    string = SF=1_bis_18 & ZW & ALTER=25_bis_59 & FI=partner &
             FL=bis_9tkm & GP => UV;
    prob = 0.054;
    alpha = 0.8750256370824757746;
}
```

Literaturverzeichnis

[1] Andersen, S.K.; Olesen, K.G.; Jensen, F.V.; Jensen, F. *HUGIN - a Shell for Building Bayesian Belief Universes for Expert Systems*, in: Proceedings of the 11th International Joint Conference on Artificial Intelligence, 1990

[2] Arnold B.C.; Castillo, E.; Sarabia, J.M. *Conditionally Specified Distributions*, Lecture Notes in Statistics, Springer-Verlag, 1991

[3] Asmus, W. *Kraftfahrtversicherung*, 5.Aufl., Gabler, 1991

[4] Bauer, H. *Wahrscheinlichkeitstheorie*, 4. Auflage, Walter de Gruyter, Berlin, 1991

[5] Beeri, C.R.; Fagin, D.; Maier, D.; Yannakakis, M. *On the desirability of acyclic database schemes*, in: Journal of the Association of Computing Machinery, 30(3), 479-513, 1983

[6] Behnen, K.; Neuhaus, G. *Grundkurs Stochastik*, B.G. Teubner, Stuttgart, 1984

[7] Berge, C. *Graphs and Hypergraphs*, North-Holland Publishing Company, Amsterdam, 1973

[8] Böhme, G. *Einstieg in die Mathematische Logik*, Carl Hanser Verlag, München, 1981

[9] Breese, J. *Persönliche Mitteilung*

[10] Breese, J.S.; Heckerman, D. *Decision-Theoretic Troubleshooting: A Framework for Repair and Experiment* in: *Uncertainty in Artificial Intelligence 12*, Morgan Kaufman Publishers, San Francisco, California, 124-132, 1996

[11] Cannings, C.; Thompson, E. A.; Skolnick, M.H. *Recursive derivation of likelihoods on pedigrees of arbitrary complexity*, in: *Adv. in Appl. Probabil.*, 8, 622-625, 1976

[12] Castillo, E; Gutierrez, J.M.; Hadi, A.S. *Expert Systems and Probabilistic Network Models*, Springer-Verlag, New York, 1996

[13] Cheeseman, P. *A method of computing generalized Bayesian probability values for expert systems*, in: *Proc. 6th Intl. Joint Conf. on AI (IJCAI-83)*, Karlsruhe, 1983

[14] Cheeseman, P. *In defense of probability*, in: *Proc. 9th Intl. Joint Conf. on AI (IJCAI-86)*, Los Angeles, 1986

[15] Collatz, L., Wetterling, W. *Optimierungsaufgaben*, 2. Auflage, Springer-Verlag, Berlin, 1971

[16] Csiszár, I. *I-Divergence Geometry of Probability Distributions and Minimization Problems*, in: *The Annals of Probability*, Vol. 3, No. 1, 146-158, 1975

[17] Dawid, A.P. *Conditional Independence in Statistical Theory*, in: *J. Royal Statist. Soc.*, Ser. A 41 (no. 1), 1-31, 1979

[18] Edwards, D. *Introduction to Graphical Modelling*, Springer-Verlag, New York, 1995

[19] Fletcher, R. *Practical Methods of Optimization, Second Edition*, John Wiley & Sons Ltd., Chichester, 1987

[20] Fujisawa, T.; Orino, H. *An efficient algorithm of finding a minimal triangulation of a graph* ,in: *IEEE International Symposium on Circuits and Systems*, 172-175, 1974

[21] Gal, T.; *Zur Identifikation redundanter Nebenbedingungen in linearen Programmen*, in: Zeitschrift für Operations Research, 19, 19-28, 1975

[22] Genesereth, M.R.; Nilsson, N.J. *Logical Foundations of Artificial Intelligence*, Morgan Kaufmann Publishers, Inc., Palo Alto, CA, 1987

[23] Geman, S.; Geman, D. *Stochastic Relaxation, Gibbs Distributions, and the Bayesian Restoration of Images*, in: IEEE Transactions on Pattern Analysis and Machine Intelligence, PAMI-6, 1984

[24] Goldman, S.A.; Rivest, R.L. *A Non Iterative Maximum Entropy Algorithm*, in: *Uncertainty in Artificial Intelligence 2*, North-Holland, Amsterdam, 133-148, 1988

[25] Golumbic, M.C. *Algorithmic Graph Theory and Perfect Graphs*, Academic Press, New-York, 1980

[26] Graham, M. *On the Universal relation*, Technical Report, University of Toronto, Canada, 1979

[27] Gray, R.M. *Entropy and Information Theory*, Springer-Verlag, New York, 1990

[28] Hájek, P.; Havránek, T.; Jiroušek, R. *Uncertain Information Processing in Expert Systems*, CRC-Press, 1992

[29] Horst, R. *Operations Research, Kurs 854: Nichtlineare Optimierung*, Lehrtext an der FernUniversität Hagen, Hagen, 1997

[30] Henrion, M. *Uncertainty in artificial intelligence: is probability epistemologically and heuristically adequate ?* in: *Expert Systems and Expert Judgement*, ed. J. Mumpower, Süringer-Verlag, New York, 1987

[31] Jaglom, A.M.; Jaglom, I.M. *Wahrscheinlichkeit und Information*, Harri Deutsch, 1984

[32] Jaynes, E.T. *Information Theory and Statistical Mechanics* in: Phys. Rev., 106, 620-630 (Teil I), 108, 171-191 Teil II), 1957

[33] Jaynes, E.T. *Where Do We Stand On Maximum Entropy ?*, in: *The Maximum Entropy Formalism*, R.D. Levine and M. Tribus, eds., Cambridge, Mass., MIT Press, 1978

[34] Jensen, F.V. *An introduction to Bayesian Networks*, UCL Press Ltd., London, 1996

[35] Jensen, F.V. *Junction Trees and decomposable hypergraphs*, Judex Datasystemer A/S, Aalborg, Denmark, 1988

[36] Jensen F.V.; Jensen, F. *Optimal Junction Trees*, in: *Proceedings of the 10th Conference on Uncertainty in Artificial Intelligence (UAI-94)*, 360-366, ed. Ramon Lopez de Mantaras, David Poole, Morgan Kaufman Publishers, San Francisco, California, 1994

[37] Jensen, F.; Lauritzen, S.; Olesen, K.; *Bayesian Updating in causal probabilistic networks by local computations*, in: *Computational Statistics Quaterly*, 4, 269-282, 1990

[38] Jiroušek, R. *Solution of the marginal problem and decomposable distributions*, in: *Kybernetika*, 27, 603, 1991

[39] Jiroušek, R.; Přeučil, S. *On the effective implementation of the iterative proportional fitting procedure*, in: *Computational Statistics & Data Analysis*, 19, 177-189, 1995

[40] Kellerer, H.G. *Verteilungsfunktionen mit gegebenen Marginalverteilungen*, in: *Zeitschrift für Wahrscheinlichkeitstheorie und verwandte Gebiete*, 3, 247-270, 1964

[41] Kern-Isberner, G. *A logically sound method for uncertain reasoning with quantified conditionals*, in: *Qualitative and Quantitative Practical Reasoning*, ECSQARU-FAPR'97, Bad Honnef, 365-379, 1997

[42] Kjaerulff U. *Triangulation of graphs - algorithms giving small total state space*, Research report R-90-09, Department of Mathematics and Computer Science, 1990, Zugleich: *Aspects of Efficiency Improvement in Bayesian Networks*, Ch.1, Diss. Aalborg University, Denmark, 1993

[43] Knublauch, H. *Objektorientierte Software-Entwicklung am Beispiel des probabilistischen wissensbasierten Systems SPIRIT*, unveröffentl. Diplomarbeit an der Fakultät für Informatik, Universität Ulm, 1997

[44] Kong, A. *Multivariate belief functions and graphical models*, Ph.D. dissertation, Department of Statistics, Harvard University, Cambridge, MA, 1986

[45] Kruse, R.; Schwecke, E.; Heinsohn, J. *Uncertainty and Vagueness in Knowledge Based Systems*, Springer-Verlag, Berlin, 1991

[46] Kullback, S. *Information Theory and Statistics*, John Wiley & Sons, Inc., 1958, wiederaufgelegt von Peter Smith, Gloucester, Mass. 1978

[47] Kullback, S. *Probability densities with given marginals* in: *Ann. Math. Statist.*, 39, 1236-1243, 1968

[48] Lauritzen, S.L. *Lectures on Contingency Tables*, 2nd ed., Institute of Electronic Systems, University of Aalborg, Denmark, 1982

[49] Lauritzen, S.L. *Graphical Association Models (Draft)*, Technical Report IR 93-2001, Institute for Electronic Systems, Dept. of Mathematics and Computer Scince, Aalborg University, 1993

[50] Lauritzen, S.L.; Spiegelhalter, D.J. *Local Computations with Probabilities on Graphical Structures and their Application to Expert Systems*, in: *J. Roy. Stat. Soc.*, Ser. B, 50 (no. 2), 154-227, 1988

[51] Lauritzen, S.L.; Thiesson, B.; Spiegelhalter, D.J. *Diagnostic systems by model selection: a case study*, Lecture Notes in Statistics, 89, Springer, 143-152, 1994

[52] Lemmer, J.F.; *Generalized bayesian updating of incompletely specified distributions*, in: *Large Scale Systems*, 5, 1983

[53] Lemmer, J.F.; Barth, S.W.; *Efficient minimum information updating for bayesian inferencing*, in: *Proc. Nation. Conf. on Artificial Intelligence AAAI*, Pittsburg, 1983

[54] Lindley, D.V. *The probability approach to the treatment of uncertainty in artificial intelligence*, in: Statistical Science, 2, 17-24, 1987

[55] Luenberger, D.G.; *Introduction to Linear and Nonlinear Programming*, Addison-Wesley Publishing Company Inc., Reading, Masschusetts, 1973

[56] Maier, D. *The Theory of Relational Databases*, Computer Science Press, 1983

[57] Malvestuto, F.M. *Existence of Extensions and Product Extensions for Discrete Probability Distributions*, in: Discrete Mathematics, 69, 61-77, 1988

[58] Malvestuto, F.M. *Computing the maximum-entropy extension of given discrete probability distributions*, in: Computational Statistics & Data Analysis, 8, 299-311, 1989

[59] Matúš, F. *On iterated averages of I-projections* submitted to: The Annals of Statistics, 1997

[60] Mellouli, K. *On the propagation of beliefs in networks using the Dempster-Shafer theory of evidence*, Ph.D. dissertation, School of Business, University of Kansas, Lawrence, Kansas, 191987

[61] Meyer, C.-H.; Kern-Isberner, G.; Rödder, W. *Analyse medizinisch-soziologischer Daten mittels eines probabilistischen Expertensystems*, DGOR - GMÖOR - ÖGOR Jahrestagung, Springer, Passau 1995

[62] Meyer C.-H.; Rödder, W. *Probabilistic Knowledge Representation and Reasoning at Maximum Entropy by SPIRIT*, in: Advances in artificial intelligence, KI96, 20th. Annual German Conference on Artificial Intelligence, Hrsg.: Günter Görz, Steffen Hölldobler, Dresden, 1996

[63] Neapolitan, R.E. *Probabilistic Reasoning in Expert Systems - Theory and Algorithms*, John Wiley & Sons, Inc., New York, New York, 1990

[64] Nguyen, H.T.; Goodman, I.R. *On Modelling of If - Then Rules for Probabilistic Inference*, Int. J. of Intelligent Systems, Vol. 9, 411-418, 1993

[65] Nilsson, N.J. *Probabilistic Logic* in: *Artificial Intelligence* 28, (no.1), 71-87, 1986

[66] Ohtsuki, T.; Cheung, L.K.; Fujisawa, T. *Minimal triangulation of a graph and optimal pivoting order in a sparse matrix*, in: J. Math. Anal. Appl., 54, 622-633, 1976

[67] Paris J.B.; Vencovská, A. *A note on the inevitability of maximum entropy*, in: *International Journal of Approximate Reasoning*, 14, 183-223, 1990

[68] Pearl, J. *Probabilistic Reasoning in Intelligent Systems*, Morgan Kaufmann Publishers, Inc., San Mateo, California, 1988

[69] Puppe, F. *Diagnostisches Problemlösen mit Expertensystemen*, Informatik Fachberichte 148, Springer-Verlag, 1987

[70] Raiffa, H. *Decision Analysis*, Addison-Wesley, 1970

[71] Reidmacher, H.P. *Logisches Schließen bei Unsicherheit*, Peter Lang, Europäischer Verlag der Wissenschaften, Frankfurt; Zugleich: Diss. FernU. Hagen, 1992

[72] Reitz, U. *Typklasse beschert Verluste*, in: *Versicherungskaufmann*, 14-18, April 1997

[73] Rödder, W. *Symmetrical Probabilistic Intensional Reasoning in Inference Networks in Transition*, in: *Operations Research, Reflexionen aus Theorie und Praxis*, ed. B. Werners, Berlin, Heidelberg, 401-419, 1994

[74] Rödder, W.; Kern-Isberner, G. *Léa Sombé und entropie-optimale Informationsverarbeitung mit der Expertensystem-Shell SPIRIT*, in: *OR-Spektrum*,19:1, Springer-Verlag, 41-46, 1997

[75] Rödder, W.; Kern-Isberner, G. *Representation and Extraction of Information by Probabilistic Logic*, in: *Information Systems*, Elsevier, 637-652, 1996

[76] Rödder, W.; Meyer, C.-H. *Coherent Knowledge Processing at Maximum Entropy by SPIRIT*, in: *Proceedings of the 12th Conference on Uncertainty in Artificial Intelligence (UAI-96)*, 470-476, ed. Eric Horvitz, Finn Jensen, Morgan Kaufman Publishers, San Francisco, California, 1996

[77] Rödder, W.; Xu, L. *SPIRIT - Die Behandlung logischer Funktionen in einer probabilistischen Wissensbasis*, in: *Operations Research Proceedings, Vorträge der 21. Jahrestagung der DGOR zusammen mit ÖGOR*, ed. K.-W. Hansmann et.al., Springer, Berlin, 462-469, 1992

[78] Rose, D.J.; Tarjan, R.E.; Lueker, G.S. *Algorithmic aspects of vertex elemination on graphs*, in: *SIAM Journal on Computing*,5, 266-283, 1973

[79] Rosenkrantz, R.D.; *E.T. Jaynes: Papers on Probability, Statistics and Statistical Physics*, D. Reidel Publishing Company, Dordrecht, Holland, 1982

[80] Schöning, U. *Theoretische Informatik kurz gefasst*, BI-Wissenschaftsverlag, Mannheim, 1992

[81] Shannon, C.E. *A mathematical theory of communication* in: *Bell System Tech. J.* 27, 379-423 (Teil I), 623-656 (Teil II), 1948

[82] Shenoy, P. *Binary Join Trees*, in: *Proceedings of the 12th Conference on Uncertainty in Artificial Intelligence (UAI-96)*, 492-499, ed. Eric Horvitz, Finn Jensen, Morgan Kaufman Publishers, San Francisco, California, 1996

[83] Shore, J.E.; Johnson, R.W. *Axiomatic Derivation of the Principle of Maximum Entropy and the Principle of Minimum Cross Entropy*, in: *IEEE Trans. Inform. Theory* IT-26,1, 26-37, 1980

[84] Shore, J.E. *Relative Entropy, Probabilistic Inference, and AI*, in: *Uncertainty in Artificial Intelligence*, North-Holland, Amsterdam, 211-215, 1986

[85] Sombé, L. *Schließen bei unsicherem Wissen in der Künstlichen Intelligenz*, Vieweg, Wiesbaden, 1992

[86] Spiegelhalter, D.J.; Cowell, R.G. *Learning in Probabilistic Expert Systems* in: *Bayesian Statistics 4*, 447-465, 1992

[87] Spiegelhalter, D.J.; Cowell, R.G. *Learning in Probabilistic Expert Systems*, Fourth Valencia International Meeting on Bayesian Statistics, Peniscola, Spain, 1991

[88] Studeny, M. *Conditional Independence Relations Have No Finite Characterization*, in: *Proc. of 11th Prague Conf. on Inf. Theory, Statist. Decision Funct. and Random Processes*, Prag, 1990

[89] Tarjan, R.E.; Yannakakis, M. *Simple linear-time algorithms to test chordality of graphs, test acyclity of hypergraphs and selectively reduce acyclic hypergraphs*, in: *SIAM, Journal of Computing*, 13, 566-579, 1984

[90] Tarjan, R.E. *Graph Theory and Gaussian Elimination*, in: *Sparse Matrix Computations*, eds. J.R. Bunch and D.J. Rose, 3-22, Academic Press, New York, 1976

[91] Topsøe, F. *Informationstheorie*, Teubner, 1974

[92] Wen, W.X. *Minimum Cross Entropy Reasoning in Recursive Causal Networks*, in: *Uncertainty in Artificial Intelligence 4*, ed. R.D. Shachter et.al., North-Holland, 1990

[93] Wen, W.X. *Optimal Decomposition of Belief Networks*, in: *Uncertainty in Artificial Intelligence 6*, ed. P.P. Bonissone, et.al., North-Holland, 209-224, 1991

[94] Whittaker, J. *Graphical Models in Applied Mathematical Multivariate Statistics*, John Wiley & Sons, 1990

[95] Wille, F. *Analysis, Eine anwendungsbezogene Einführung*, B.G. Teubner, Stuttgart, 1976

[96] Willems, M. *Probabilistische Expertensysteme: aktueller Entwicklungsstand und laufende Anwendungen*, unveröffentl. Diplomarbeit am Institut für Betriebswirtschaftslehre, insb. Operations Research, FernUniversität Hagen, 1997

[97] Wright, S. *Correlation and causation*, in: *Journal of Agricultural Research*, 20, 557-585, 1921

[98] Vorob'ev, N.N. *Consistent Families of Measures and their Extension*, in: *Theory of Probability and Applications*, 7, 147-163, 1962

[99] Xu, L. *Persönliche Mitteilung*

[100] Zhang, L. *Studies on finding hypertree covers of hypergraphs*, Working Paper No. 198, School of Business, University of Kansas, Lawrence, Kansas, 1988

[101] *Bayesian Network Interchange Format Home Page*, in: http://131.107.1.182:80/research/dtg/bnformat/default.htm, Mai 1997

[102] *HUGIN Homepage*, in: http://hugin.dk, Mai 1997

[103] *Software for Manipulating Belief Networks, maintained by Russel Almond*, in: http://bayes.stat.washington.edu/almond/belief.html, Mai 1997

[104] *The Interchange Format for Bayesian Networks*, in: http://www.cs.cmu.edu/afs/cs/user/fgcozman/www/Research/Interchange Format*, Mai 1997

[105] *Test-Modelle für die Shell SPIRIT*, in: *http://www.fernuni-hagen.de/BWLOR/applications/name.kb*, Mai 1997

[106] *Vorzugstarife der Allianz-Versicherung*, in: *http://www.allianz.de/sicher/index*, Mai 1997

[107] *International Conference on Knowledge Discovery and Data Mining*, in: *http://www.aaai.org/Conferences/KDD/kdd98.html*,